"十四五"职业教育国家规划教材

高等院校
数字艺术精品课程系列教材

U0725291

全彩慕课版

短视频制作实战

策划 拍摄 制作 运营

第3版 | 2021版

郭韬 主编

人民邮电出版社

北 京

图书在版编目（CIP）数据

短视频制作实战策划拍摄制作运营 ： 全彩慕课版 ：
2021 版 / 郭韬主编. -- 3 版. -- 北京 ： 人民邮电出版
社，2025. --（高等院校数字艺术精品课程系列教材）.
ISBN 978-7-115-67206-3

Ⅰ. TN948.4；F713.365.2

中国国家版本馆 CIP 数据核字第 2025D29S82 号

内 容 提 要

本书全面、系统地介绍短视频的策划、拍摄、制作以及运营方法，包括初识短视频、人物写真短视频、生活技能短视频、旅行 Vlog、创意混剪短视频、宣传短视频、产品广告短视频、短视频的发布与推广等内容。

本书第 1 章概括介绍短视频的基础知识。第 2～7 章带领读者深入学习各类短视频的相关知识和拍摄方法，介绍详细的操作步骤，通过实际操作带领读者快速熟悉软件的功能并领会设计思路；还安排课后任务，以拓展读者的实际应用能力。第 8 章介绍发布与推广短视频的技巧，使读者顺利达到实战水平。

本书可作为高等院校短视频相关课程的教材，也可作为初学者的自学参考书。

◆ 主　编　郭　韬

　　责任编辑　马　媛

　　责任印制　王　郁　焦志炜

◆ 人民邮电出版社出版发行　　北京市丰台区成寿寺路 11 号

　　邮编　100164　电子邮件　315@ptpress.com.cn

　　网址　https://www.ptpress.com.cn

　　天津市银博印刷集团有限公司印刷

◆ 开本：787×1092　1/16

　　印张：12　　　　　　　　　　2025 年 6 月第 3 版

　　字数：304 千字　　　　　　　2025 年 9 月天津第 4 次印刷

定价：69.80 元

读者服务热线：(010)81055256　印装质量热线：(010)81055316
反盗版热线：(010)81055315

短视频即短片视频，是互联网中重要的内容传播形式。它融合了生活技能、潮流时尚、搞笑逗趣、公益教育、新闻热点、街头采访、广告创意、商业宣传等内容。短视频具有时长短、成本低、传播速度快、参与性强等特点，深受广大互联网用户和从业人员的喜爱，已经成为当下设计领域关注度非常高的内容传播形式。

本书特色

（1）精选基础知识，快速了解短视频

相关概念 —— **1.1 短视频的概念**

短视频即短片视频，又称微视频，是一种在互联网上传播视频内容的形式。其时长因不同平台的要求不同而有所差别，时长多控制在 5 分钟以内。图 1-1 所示为几个短视频的截图，图（a）为中国国家博物馆官方账号在抖音发布的短视频截图，图（b）为北京广播电视台官方账号在快手发布的短视频截图，图（c）为懒饭美食账号在美拍发布的短视频截图。

慕课视频

1.1 短视频的概念

（a）　　　　（b）　　　　（c）

图 1-1

类型特点 —— **1.3 短视频的特点**

短视频具有时长短、成本低、传播速度快、参与性强等特点，如图 1-5 所示。

慕课视频

1.3 短视频的特点

时长短	成本低	传播速度快	参与性强
内容时长短，用户可以利用碎片化时间快速查看或快速切换。	制作成本低，流程简单便捷。	传播速度快，娱乐社交属性，甚至成为当下用户的主要社交方式。	参与度高，短视频制作者与用户之间没有明显的分界线。

图 1-5

制作流程

选择发布渠道

| 专业级短视频平台 | 垂直类短视频平台 | 在线视频平台 | 资讯类平台 | 在线社交平台 |
以抖音、快手以及美拍等为代表 | 以腾讯、淘宝以及腾讯视频等为代表 | 以腾讯视频、爱奇艺以及优酷等为代表 | 以今日头条、一点资讯以及天天快报等为代表 | 以 QQ、微信以及微博等为代表

（2）知识点解析＋课堂案例，熟悉设计思路，掌握制作方法

3.1.1 影响视频对焦的因素

详细的知识点解析

　　当使用手机、单反等摄像设备拍摄视频时，会因为对焦不同而形成不同的清晰度。本小节将重点讲解准确对焦要考虑的光圈值、快门速度、感光度等，同时重点关注对焦时的曝光。

　　1. 光圈值

　　光圈是相机的"瞳孔"。放大或缩小光圈可以增加或减少照射在感光元件上的光量。光圈的大小一般是指光圈孔的大小，称为"光圈值"。常见的光圈值有 f/1、f/1.4、f/2、f/2.8、f/4、f/5.6、f/8、f/11、f/16、f/22，单反和微单中还有 f/3.5、f/6.3 等光圈值。光圈值中的数字越大，表示光圈越小，如图 3-1 所示。

图 3-1

3.2 制作期——制作"粽香端午"短视频

了解知识要点

　　使用"新建"和"导入"命令新建项目并导入视频素材，使用"剪辑 > 取消链接"命令取消视音频链接，使用编辑点调整项目素材，使用"效果"面板添加视音频过渡效果和音频效果，使用"效果控件"面板编辑视频过渡效果、调整项目素材的不透明度并制作动画，使用"导出"命令导出视频文件。最终效果参看"Ch03\ 粽香端午 \ 粽香端午 .prproj"，如图 3-27 所示。

精选典型商业案例

扫码观看案例详细步骤

慕课视频　慕课视频

3.2 制作期——制作"粽香端午"短视频 1　　3.2 制作期——制作"粽香端午"短视频 2

慕课视频　慕课视频

3.2 制作期——制作"粽香端午"短视频 3　　3.2 制作期——制作"粽香端午"短视频 4

图 3-27

步骤详细

3.2.1 新建项目并导入素材

　　（1）启动 Premiere Pro 2021，选择"文件 > 新建 > 项目"命令，弹出"新建项目"对话框，如图 3-28 所示，单击"确定"按钮，新建项目。选择"文件 > 新建 > 序列"命令，弹出"新建序列"对话框，选择"设置"选项卡，设置如图 3-29 所示，单击"确定"按钮，新建序列。

（3）设置课后任务，拓展应用能力

3.3　课后任务

应用本章所学知识

1. 任务

拍摄与制作一条"生活小窍门"短视频。

2. 任务要求

短视频时长：2 分钟。

素材要求：使用不少于 20 条素材。

拍摄要求：通过手动对焦完成素材的拍摄，注意控制景深。

制作要求：根据生活小窍门的实际应用情况完成短视频的制作。

（4）启智增慧，弘扬工匠精神

　　本书全面贯彻党的二十大精神，落实立德树人根本任务，以社会主义核心价值观为引领，引导学生了解中华优秀传统文化，坚定文化自信，树立社会责任感。

6.2　制作期——制作"博物馆"短视频

　　使用"新建"和"导入"命令新建项目并导入视频素材，通过拖曳为序列匹配视频素材，使用"剪辑 > 取消链接"命令取消视音频链接，使用编辑点调整视频素材，使用"效果"面板添加视频过渡效果和视频效果，使用"效果控件"面板编辑视频过渡效果。最终效果参看"Ch06\博物馆\博物馆.prproj"，如图 6-24 所示。

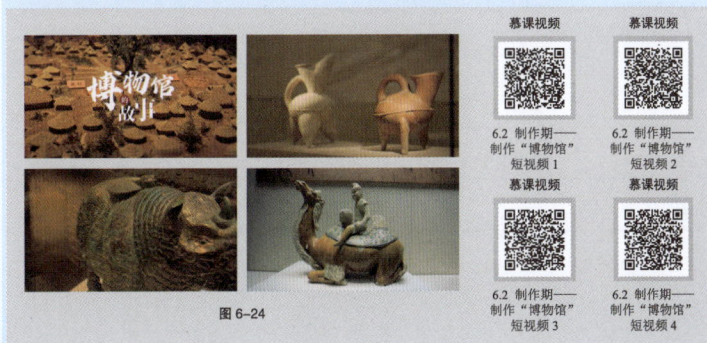

慕课视频

6.2 制作期——制作"博物馆"短视频 1

慕课视频

6.2 制作期——制作"博物馆"短视频 2

慕课视频

6.2 制作期——制作"博物馆"短视频 3

慕课视频

6.2 制作期——制作"博物馆"短视频 4

图 6-24

本书更新

- 增加技能目标、素质目标，增强读者的综合能力。
- 更新部分案例，使案例更贴近生活，弘扬中华优秀传统文化。
- 更新示例图片，紧跟时代潮流。

配套资源及获取方式

　　配套资源包括：

- 所有案例的素材和最终效果文件；
- 案例操作视频（扫描书中二维码即可观看）；
- PPT 课件；
- 教学大纲；
- 教案。

对于本书的配套资源，读者可登录人邮教育社区（www.ryjiaoyu.com），在关于本书的页面中免费下载使用。

本书慕课视频的获取方式：登录人邮学院网站（www.rymooc.com）或扫描封底的二维码，完成注册后，在首页右上角单击"学习卡"选项，输入封底刮刮卡中的激活码，在线观看本书的慕课视频。

教学指导

本书参考学时为 62 学时，其中讲授环节为 26 学时，实训环节为 36 学时，各章的参考学时参见下面的学时分配表。

章	课程内容	学时分配 / 学时	
		讲授	实训
第 1 章	初识短视频	2	—
第 2 章	人物写真短视频	4	6
第 3 章	生活技能短视频	4	6
第 4 章	旅行 Vlog	4	6
第 5 章	创意混剪短视频	2	6
第 6 章	宣传短视频	4	6
第 7 章	产品广告短视频	4	6
第 8 章	短视频的发布与推广	2	—
学时总计		26	36

本书约定

本书案例素材文件所在位置：章号＼案例名＼素材文件，如 Ch02＼古风人物写真＼素材＼01～18。

本书案例效果文件所在位置：章号＼案例名＼效果文件，如 Ch02＼古风人物写真＼古风人物写真 .prproj。

由于编者水平有限，书中难免存在不足之处，敬请广大读者批评指正。

编 者

2025 年 2 月

目录

目录

目录

—06—

第6章 宣传短视频

—07—

第7章 产品广告短视频

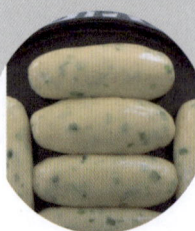

目录

—08—

第 8 章　短视频的发布与推广

01

第1章
初识短视频

▶ 本章介绍

　　随着移动设备的普及以及互联网的发展，短视频逐渐成为互联网中重要的内容传播形式，短视频的制作成为广大互联网从业人员应掌握的重要技能之一。本章对短视频的概念、发展、特点、类型以及制作流程进行系统讲解。通过对本章的学习，读者可以对短视频有一个宏观的认识，以便高效地进行后续的短视频制作。

知识目标

- 掌握短视频的概念。
- 了解短视频的发展。
- 了解短视频的特点。
- 熟悉短视频的类型。
- 掌握短视频的制作流程。

技能目标

- 能够快速分辨短视频的类型。
- 能够遵循短视频制作流程进行短视频制作。

素质目标

- 培养准确观察和分析问题的能力。
- 培养借助互联网获取有效信息的能力。
- 培养有条理地分析内容、有效地执行计划的能力。

慕课视频

第 1 章 初识短视频

1.1 短视频的概念

短视频即短片视频，又称微视频，是一种在互联网上传播视频内容的形式。其时长因不同平台的要求不同而有所差别，时长多控制在 5 分钟以内。图 1-1 所示为几个短视频的截图，图（a）为中国国家博物馆官方账号在抖音发布的短视频截图，图（b）为北京广播电视台官方账号在快手发布的短视频截图，图（c）为懒饭美食账号在美拍发布的短视频截图。

慕课视频

1.1 短视频的概念

（a）　　　　　　　　（b）　　　　　　　　（c）

图 1-1

1.2 短视频的发展

短视频的发展可以大致分为开始、发展以及爆发 3 个阶段。

慕课视频

1.2 短视频的发展

1.2.1 开始阶段

2013—2015 年是短视频的开始阶段，以美拍、秒拍以及小咖秀等为主的短视频平台逐渐进入公众视野，被互联网用户接受。在图 1-2 所示的 App 图标中，图（a）为美拍，图（b）为秒拍，图（c）为小咖秀。

（a）　　　　　　　　（b）　　　　　　　　（c）

图 1-2

1.2.2 发展阶段

2015—2017 年是短视频的发展阶段，这一阶段的短视频发展呈百花齐放之势，各大互联网企业甚至电视、报纸等传统媒体纷纷参与短视频领域的竞争，其间以快手为代表的短视频平台发展最为迅猛，快手 App 图标如图 1-3 所示。

图 1-3

1.2.3 爆发阶段

2018 年至今是短视频的爆发阶段，其总播放量呈爆炸式增长态势。在这一阶段，短视频的垂直细分模式全面形成，后来者居上的抖音、抖音火山版以及西瓜视频等不同短视频平台都旨在通过各自产品的特点，吸引不同的用户。在图 1-4 中，图（a）为抖音 App 图标，图（b）为抖音火山版 App 图标，图（c）为西瓜视频 App 图标。

(a) (b) (c)

图 1-4

慕课视频

1.3 短视频的特点

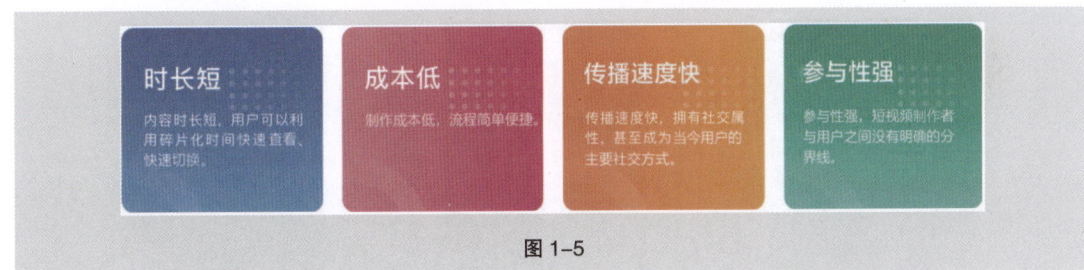

短视频具有时长短、成本低、传播速度快、参与性强等特点，如图 1-5 所示。

1.3 短视频的特点

时长短	成本低	传播速度快	参与性强
内容时长短，用户可以利用碎片化时间快速查看、快速切换。	制作成本低，流程简单便捷。	传播速度快，拥有社交属性，甚至成为当今用户的主要社交方式。	参与性强，短视频制作者与用户之间没有明确的分界线。

图 1-5

1.4 短视频的类型

短视频从内容上可以分为人物写真短视频、生活技能短视频、旅行 Vlog、创意混剪短视频、宣传短视频，以及产品广告短视频。

1.4.1 人物写真短视频

人物写真短视频即以人物作为主要内容进行拍摄的短视频。这类短视频会将人物最真实或更多面的状态呈现出来。人物写真短视频往往具有美观性和可看性，容易让用户产生代入感。在图 1-6 中，图（a）为抖音用户发布的人物写真短视频，图（b）为快手用户发布的人物写真短视频，图（c）为美拍用户发布的人物写真短视频。

图 1-6

1.4.2　生活技能短视频

　　生活技能短视频即分享日常生活技巧的短视频。这类短视频的内容较为贴近用户生活。随着短视频行业的发展，生活技能短视频在移动互联网中被广泛传播。在图 1-7 中，图（a）为小红书用户发布的生活技能短视频，图（b）为快手用户发布的生活技能短视频，图（c）为抖音用户发布的生活技能短视频。

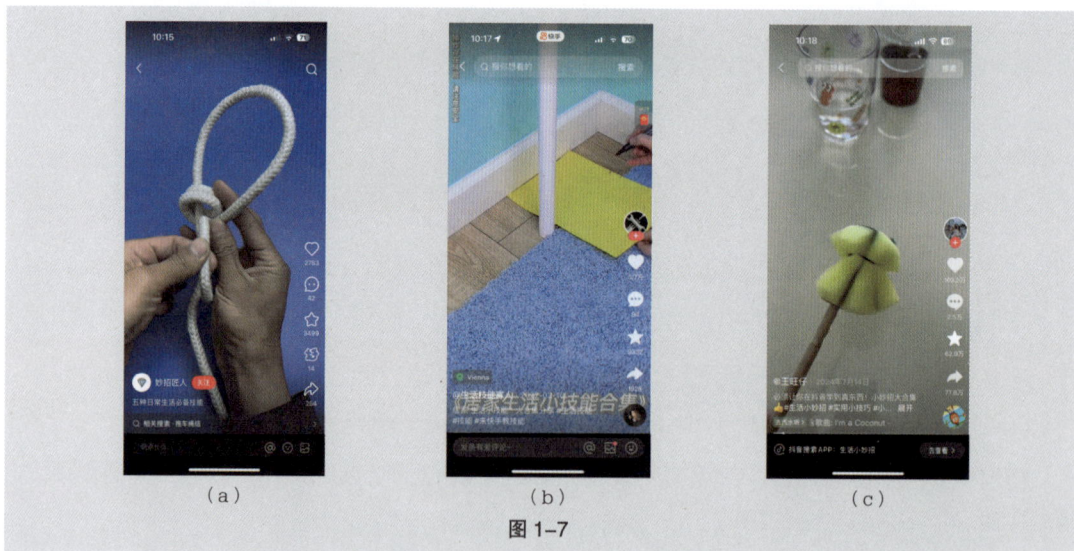

图 1-7

1.4.3　旅行 Vlog

　　旅行 Vlog 即记录旅游中趣事及感受的短视频。这类短视频不仅能展现沿途美景，还能表现短视频制作者的心情。旅行 Vlog 深受文艺青年喜爱并被大量传播。在图 1-8 中，图（a）为济南市文化和旅游局官方账号在快手发布的旅行 Vlog，图（b）为洛阳市文化广电和旅游局官方账号在抖音发布的旅行 Vlog，图（c）为桂林市文化广电和旅游局官方账号在西瓜视频发布的旅行 Vlog。

（a）   （b）   （c）

图 1-8

1.4.4　创意混剪短视频

创意混剪短视频即对多个影片进行创意剪接的短视频。这类短视频或制作出色、效果震撼，或内容搞笑。创意混剪短视频拥有极大的魅力，深受广大年轻群体的喜爱。在图 1-9 中，图（a）为腾讯视频用户发布的创意混剪短视频，图（b）为抖音用户发布的创意混剪短视频，图（c）为优酷用户发布的创意混剪短视频。

（a）   （b）   （c）

图 1-9

1.4.5 宣传短视频

宣传短视频即宣传企业风貌、介绍活动内容或产品特色的短视频。这类短视频通常运用电影电视的表现手法，制作质量高。宣传短视频常被中大型企业广泛应用。在图1-10中，图（a）为华为终端官方账号在小红书发布的宣传短视频，图（b）为格力电器官方账号在抖音发布的宣传短视频，图（c）为联想官方账号在西瓜视频发布的宣传短视频。

| （a） | （b） | （c） |

图1-10

1.4.6 产品广告短视频

产品广告短视频即对相关产品进行宣传的短视频。这类短视频通常制作精美、时长较短。产品广告短视频现已在京东、天猫以及淘宝等电商平台上普遍使用。在图1-11中，图（a）为天猫中关于球鞋的产品广告短视频，图（b）为苏宁易购中关于冰箱的产品广告短视频，图（c）为一条关于紫砂壶的产品广告短视频。

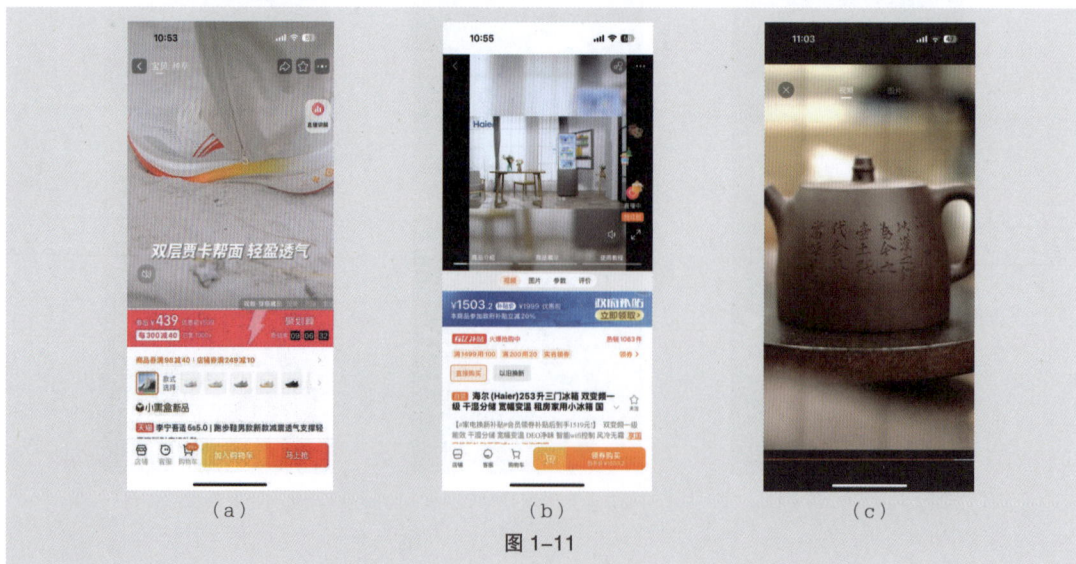

| （a） | （b） | （c） |

图1-11

1.5 短视频的制作流程

　　短视频的制作流程主要包括前期准备、脚本策划、进行拍摄、剪辑制作、上传发布以及运营推广，如图 1-12 所示。

图 1-12

第2章
人物写真短视频

▶ **本章介绍**

　　本章将详细讲解人物写真短视频的制作技巧。通过对本章的学习，读者能够了解短视频常用格式及其用途，掌握镜头的概念和景别与景别组的概念，学会人物写真短视频的制作技巧。

知识目标

- 了解短视频常用格式及其用途。
- 掌握镜头的概念。
- 掌握景别与景别组的概念。
- 熟练掌握人物写真短视频的制作技巧。

慕课视频

第 2 章　人物写真
短视频

技能目标

- 能够运用所学知识制作人物写真短视频。
- 掌握"古风人物写真"短视频的制作技巧。

素质目标

- 培养持之以恒的工作习惯。
- 培养善于思考、勤于练习的工作态度。
- 培养良好的手眼协调能力。

2.1 拍摄期

本节重点讲解短视频常用格式及其用途、镜头的概念和景别与景别组的概念，为读者进行短视频的拍摄提供帮助。

2.1.1 短视频常用格式及其用途

随着短视频在互联网上的广泛传播，各大平台规定的短视频标准格式不尽相同。正确认识短视频常用格式与其用途，有助于读者在以后的拍摄和制作过程中更加灵活地应用短视频格式。

短视频目前主要应用于 PC（Personal Computer，个人计算机）端与移动端，因此短视频格式十分注重压缩与传播的效率和图像质量。

下面对常用的短视频格式及其特点、用途进行说明。

（1）AVI 格式

AVI（Audio Video Interleaved，音频视频交错）格式是由微软公司开发的视频格式，主要优点是调用方便、图像质量好，允许视频和音频交错在一起同步播放，缺点是文件大。对于采用不同压缩标准生成的 AVI 格式文件，必须使用相应的解压缩算法才能播放，因此 AVI 格式不具有兼容性。不同视频软件对 AVI 格式的压缩标准也不统一，这样就很容易出现视频压缩或者输出后无法播放的情况。

在短视频领域，由于平台众多、终端算法形式多样，AVI 格式并不具备灵活的应用性和很强的传播性。该格式多应用于视频压缩与存储、电视台视频播放等领域。

（2）MPEG 格式

MPEG（Moving Picture Experts Group，动态图像专家组）包含 VCD、SVCD、DVD。MPEG 格式采用有损压缩方法，从而减少了动态图像中的冗余信息。MPEG 格式有 3 个压缩标准，分别是 MPEG-1、MPEG-2 和 MPEG-4。无论是在移动端、PC 端还是各种网络平台中，MPEG 格式都比较统一，兼容性相当好。

MPEG-4 格式简称 MP4 格式，目前多应用于网络平台短视频的播放与传播、视频文件的格式转换与压缩，以及移动端短视频播放、相机端视频播放、摄影摄像、后期剪辑等领域。

（3）MOV 格式

MOV 格式是由苹果公司开发的一种视频格式，具有较高的压缩比和视频清晰度、先进的视频和音频功能。MOV 格式原本是基于 QuickTime 的文件格式，支持 25 位彩色空间，兼容集成压缩技术，现逐渐成为视频制作领域中主要使用的文件输出格式和拍摄格式。

MOV 格式的优点是视频质量高，缺点是文件相对比较大，因此在短视频的传播应用方面有一些缺陷。在短视频的传输与播放环节，可以将 MOV 格式转换成 MP4 格式来使用。MOV 格式多应用于手机拍摄、单反和微单相机拍摄、后期剪辑等领域。

（4）WMV 格式

WMV（Windows Media Video，Windows 媒体视频）格式是微软公司推出的一种采用独立编码、可以在网络上实时观看的视频格式。

（5）MKV 格式

MKV 格式是民间流行的一种视频格式，兼容 DivX、XviD、RealVideo、H.264、MPEG-2、

VC-1 等众多视频编码格式。官方发布的视频一般不采用 MKV 格式，由于没有版权限制，又易于播放，所以该格式多应用于个人作品上传、论坛发布等领域。

（6）TS 格式

TS 格式是高清专用封装格式，多见于原版的蓝光视频，一般采用 H.264、VC-1 等较新的视频编码格式。TS 格式多应用于家用摄像机拍摄等领域。

2.1.2　短视频视听语言——镜头的概念

短视频是由一个个镜头连接起来的动感图片。镜头是视听语言中"视"的部分，也是最基本的部分。摄影中的镜头是指摄影设备中的光学透镜组，包括长焦镜头、广角镜头、各种定焦镜头组等，是物理学的镜头。摄影中的切换镜头，是指选用不同焦距的镜头来实现画面的切换效果；而在摄像中，镜头的概念则有所不同。

1．拍摄时谈到的镜头

拍摄时的镜头是指拍摄设备从拍摄开始到结束所摄取的一段不间断的原素材画面，是视频最基本的组成单位。

图 2-1 和图 2-2 所示的两个画面分别表示一段视频的起点和终点。画面中的人物虽然通过移动改变了所在位置，但视频素材没有切断成两个单独的画面，而是通过连续的、完整的画面来表示整个运动过程。这个完整的运动过程称为一个镜头。

图 2-1

图 2-2

2．短视频制作剪辑时的镜头

短视频制作剪辑时的镜头是指两个剪切点之间的一段不间断的画面，短视频的镜头是短视频画面的基本组成单位。前期拍摄录制成的一个个素材决定着整部短视频的视听效果。

图 2-3 所示的画面中，中间切换了两次镜头，整段画面被分割成了 3 个镜头，因此，我们称这一段画面是由 3 个镜头组成的。

图 2-3

图 2-4 ～图 2-7 所示为根据需要调整的视频素材的入点和出点画面。本章的"古风人物写真"短视频就是由 15 个镜头组接而成的，每个镜头的内容和长度都可以根据需求进行调整。

图 2-4

图 2-5

图 2-6

图 2-7

提示：调整视频素材的入点和出点即重新对视频素材进行精准的切割设置，这是为了准确表现画面内容，保存最有效、最精彩的画面内容，是短视频初剪的一部分。

2.1.3　短视频视听语言——景别与景别组的概念

短视频的拍摄和制作已经逐渐融入人们的日常生活。利用景别的变化拍摄出高质量、有内涵的短视频，再利用景别组展现故事情节，可以让短视频情节像电影一样精彩丰富。

1. 景别与景别组的概念

景别是指由于镜头与被摄主体的距离不同，而造成被摄主体在影片中所呈现出的范围、大小有区别，是镜头画面中的一种，也是一种非常重要的视觉形式。

景别的运用是体现创作者构思的有效手段。景别运用是否恰当将决定短视频是否主题明确、故事是否叙述清晰、对景物各部分的细节表现是否合适等。

景别组通过将一个个景别进行组接，形成一组完整的画面用以叙事。

景别与景别组的区别：景别是对单个画面的表现；景别组是将多个景别按照景别组接技巧，一组一组地展现在短视频中，从而展现完整的故事。景别组的存在是为了有效控制短视频的表现节奏。

2．景别的分类

通常，我们在观察自然界中的某个事物、某种现象或某些人物时，可根据需要随时改变观察的视角，如浏览整体场景、聚焦某个细节等。同样，景别也有着不同的类别。

景别是一种很重要的镜头语言，一般分为远景、全景、中景、近景和特写，如图 2-8 和图 2-9 所示。

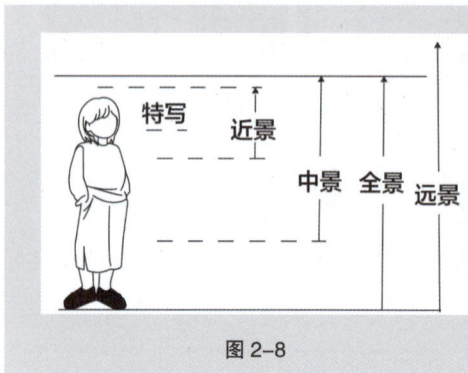

图 2-8

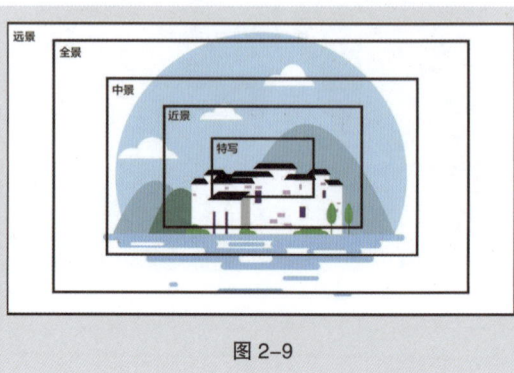

图 2-9

（1）远景

远景是展现远处环境全貌、展示人物及其周围广阔空间环境、展现自然景色和群众活动等大场面的景别。由于摄像机与景物和人物距离较远，画面中的视野宽阔、人物较小、背景占主要部分，因此画面能够给人整体感，但细节不清晰。

远景一般用于短视频的开头、结尾或场景转换部分，交代被摄主体所处环境，让画面形成舒缓的节奏，具有强烈的抒情性，如图 2-10 和图 2-11 所示。

图 2-10

图 2-11

（2）全景

全景是展现环境全貌、人物整体的景别。全景的重心在人物上，也就是以人物为主、环境为辅。

全景一般用于展示完整的主体动作、特定的叙事空间、人与特定环境的关系、人或物体的运动和行为等，如图 2-12 ～图 2-15 所示。

图 2-12

图 2-13

图 2-14

图 2-15

（3）中景

中景一般是展现人物腰部以上部分的景别，常用于表现人物上半身动作的完整性，也是一种常用的叙事景别，表现效果中规中矩。中景可以显示人物外貌特征、局部环境特征等，引发观者对画外空间的联想，内容具有较大的选择空间。

中景一般用于突出想要表达的部分、有情节的场景等，如图 2-16～图 2-19 所示。

图 2-16

图 2-17

图 2-18

图 2-19

（4）近景

近景是表现人物面部神态和情绪的主要景别。近景所表现的空间范围小、景深浅，可以给人近距离观看的感觉。

近景一般用于展现人物胸部以上的画面，又叫对话式镜头、会话式镜头，可传达人物的内心情感、刻画人物的性格等，如图 2-20～图 2-23 所示。

图 2-20

图 2-21

图 2-22

图 2-23

特写是展现一个独立而完整的局部的景别，主要用于表现动作细节、突出某个元素等，是最独特、最有效的景别之一。特写能给人强烈的视觉冲击感。

特写一般用于展现人物肩部以上、头部、脸部或主体微小的局部，可表现主体的质感、颜色等，分割主体与周围环境，调整画面节奏，如图 2-24 ～图 2-27 所示。

图 2-24

图 2-25

图 2-26

图 2-27

短视频制作实战 策划 拍摄 制作 运营（全彩慕课版）（第 3 版）（2021 版）

14

3. 使用景别组制作短视频

近景拟神，远景写意，"远、全、中、近、特"组成一个基本的景别组。景别组可用于表现不同的画面节奏和主次关系。我们可以通过不同景别间的变换交替，有条理、有节奏地交代环境、人物关系及故事内容，利用一个完整的景别组去展现一个主体。景别组可满足短视频制作的视觉表现要求，如图 2-28 所示。

远—全景

全景

中景

中—近景

近景

图 2-28

2.2　制作期——制作"古风人物写真"短视频

使用 Adobe Premiere Pro 2021 的"新建"和"导入"命令来新建项目并导入素材，通过拖曳为序列匹配视频素材，使用快捷键在"源"面板中截取和标记视频、音频，使用"效果"面板添加视音频过渡效果，使用"效果控件"面板编辑视音频过渡效果，使用"导出"命令导出视频文件。最终效果参看"Ch02\古风人物写真\古风人物写真.prproj"，如图 2-29 所示。

慕课视频

2.2 制作期——制作"古风人物写真"短视频1

慕课视频

2.2 制作期——制作"古风人物写真"短视频2

慕课视频

2.2 制作期——制作"古风人物写真"短视频3

图 2-29

2.2.1 新建项目并导入素材

（1）启动 Adobe Premiere Pro 2021，选择"文件 > 新建 > 项目"命令，打开"新建项目"对话框，如图 2-30 所示，单击"确定"按钮，新建项目。选择"文件 > 新建 > 序列"命令，弹出"新建序列"对话框，选择"设置"选项卡，设置如图 2-31 所示，单击"确定"按钮，新建序列。

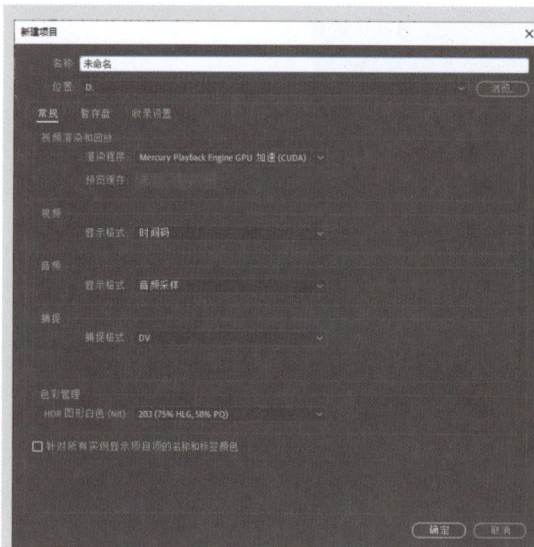

图 2-30

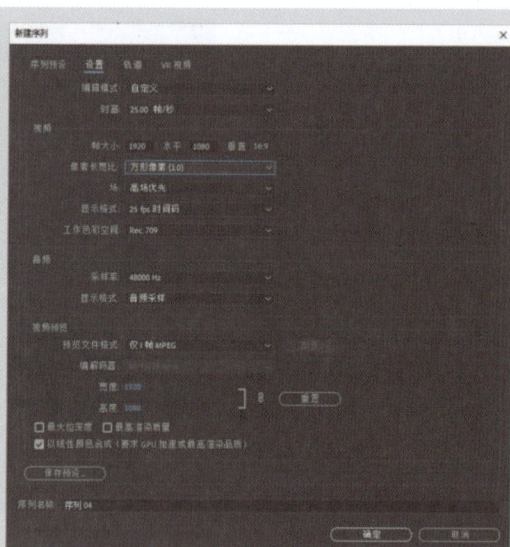

图 2-31

（2）选择"文件 > 导入"命令，弹出"导入"对话框，选择"Ch02\ 古风人物写真 \ 素材 \01 ～ 15"文件，如图 2-32 所示，单击"打开"按钮，将文件导入"项目"面板，如图 2-33 所示。

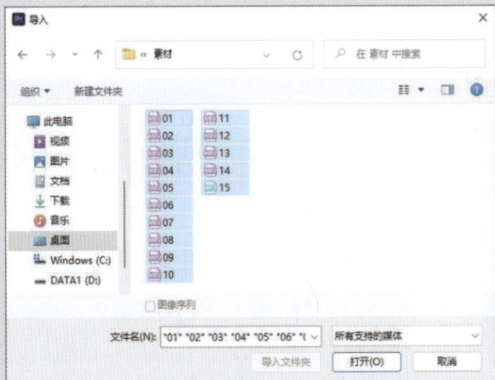

图 2-32

图 2-33

2.2.2 为序列匹配视频素材

（1）双击"项目"面板中的"01"文件，在"源"面板中打开，如图 2-34 所示。将时间标签放置在 00:00:16:22 的位置，如图 2-35 所示，按 I 键，标记入点，如图 2-36 所示。将时间标签放置在 00:00:19:09 的位置，按 O 键，标记出点，如图 2-37 所示。

图 2-34

图 2-35

图 2-36

图 2-37

（2）选中"源"面板中的"01"文件并将其拖曳到"时间轴"面板中的"V1"轨道上，弹出"剪辑不匹配警告"对话框，如图2-38所示，单击"保持现有设置"按钮，将"01"文件放置到"V1"轨道上，效果如图2-39所示。

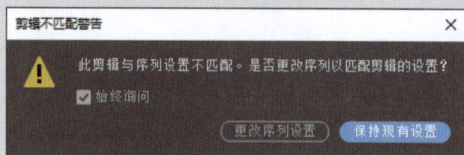

图2-38

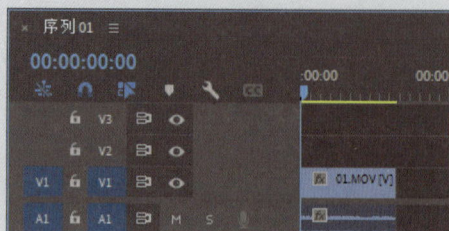

图2-39

2.2.3 剪辑并调整视频素材

1. 取消视音频链接

（1）单击音频轨道左侧的音频标签，如图2-40所示，激活音频内容，覆盖插入的音频。选中"时间轴"面板中的"01"文件，选择"剪辑 > 取消链接"命令，取消视音频链接，效果如图2-41所示。

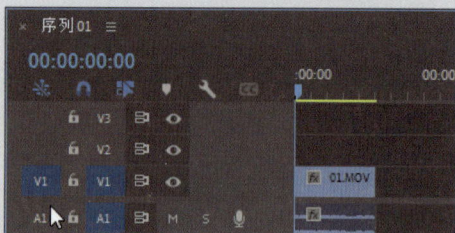

图2-40

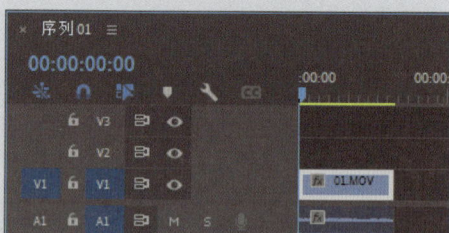

图2-41

（2）选择"A1"轨道上的音频文件，如图2-42所示，按Delete键删除，如图2-43所示。

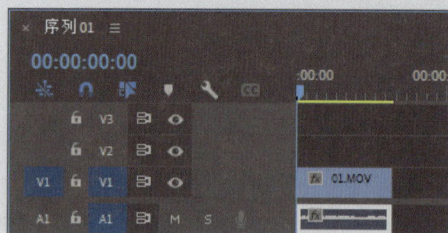

图2-42

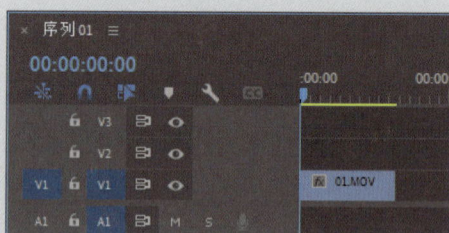

图2-43

2. 添加入点和出点并剪辑视频素材

（1）双击"项目"面板中的"02"文件，在"源"面板中打开。将时间标签放置在00:00:10:08的位置，按I键，标记入点，如图2-44所示。将时间标签放置在00:00:13:03的位置，按O键，标记出点，如图2-45所示。

图 2-44

图 2-45

（2）选中"源"面板中的"02"文件并将其拖曳到"时间轴"面板中的"V1"轨道上，效果如图 2-46 所示。

（3）双击"项目"面板中的"03"文件，在"源"面板中打开。将时间标签放置在 00:00:19:24 的位置，按 I 键，标记入点，如图 2-47 所示。将时间标签放置在 00:00:24:22 的位置，按 O 键，标记出点，如图 2-48 所示。

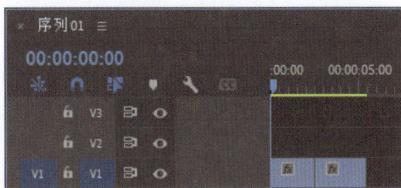

图 2-46

图 2-47

图 2-48

（4）选中"源"面板中的"03"文件并将其拖曳到"时间轴"面板中的"V1"轨道上，效果如图 2-49 所示。

（5）双击"项目"面板中的"04"文件，在"源"面板中打开。将时间标签放置在 00:00:03:27 的位置，按 I 键，标记入点，如图 2-50 所示。将时间标签放置在 00:00:09:52 的位置，按 O 键，标记出点，如图 2-51 所示。

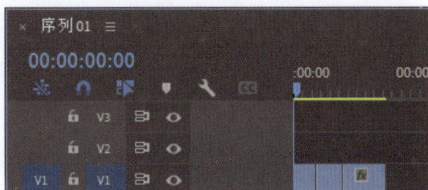

图 2-49

图 2-50

图 2-51

（6）选中"源"面板中的"04"文件并将其拖曳到"时间轴"面板中的"V1"轨道上，效果如图 2-52 所示。

（7）双击"项目"面板中的"05"文件，在"源"面板中打开。将时间标签放置在 00:00:05:06 的位置，按 I 键，标记入点，如图 2-53 所示。将时间标签放置在 00:00:09:11 的位置，按 O 键，标记出点，如图 2-54 所示。

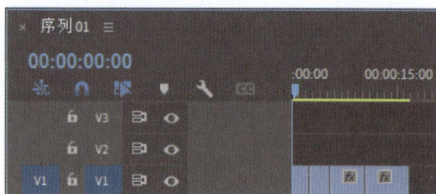

图 2-52

图 2-53

图 2-54

（8）选中"源"面板中的"05"文件并将其拖曳到"时间轴"面板中的"V1"轨道上，效果如图 2-55 所示。

（9）双击"项目"面板中的"06"文件，在"源"面板中打开。将时间标签放置在 00:00:20:12 的位置，按 I 键，标记入点，如图 2-56 所示。将时间标签放置在 00:00:33:19 的位置，按 O 键，标记出点，如图 2-57 所示。

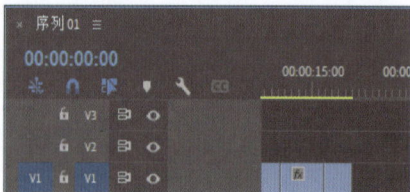

图 2-55

图 2-56

图 2-57

（10）选中"源"面板中的"06"文件并将其拖曳到"时间轴"面板中的"V1"轨道上，效果如图 2-58 所示。

（11）双击"项目"面板中的"07"文件，在"源"面板中打开。将时间标签放置在 00:00:08:09 的位置，按 I 键，标记入点，如图 2-59 所示。将时间标签放置在 00:00:15:50 的位置，按 O 键，标记出点，如图 2-60 所示。

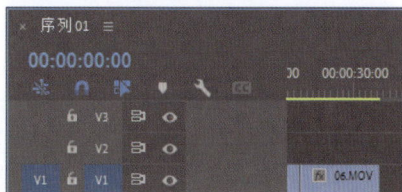

图 2-58

图 2-59

图 2-60

（12）选中"源"面板中的"07"文件并将其拖曳到"时间轴"面板中的"V1"轨道上，效果如图 2-61 所示。

（13）双击"项目"面板中的"08"文件，在"源"面板中打开。将时间标签放置在 00:00:17:05 的位置，按 I 键，标记入点，如图 2-62 所示。将时间标签放置在 00:00:23:11 的位置，按 O 键，标记出点，如图 2-63 所示。

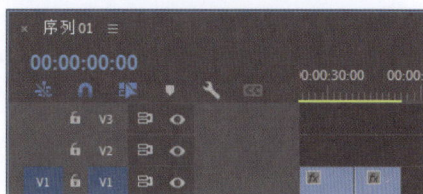

图 2-61

图 2-62

图 2-63

（14）选中"源"面板中的"08"文件并将其拖曳到"时间轴"面板中的"V1"轨道上，效果如图 2-64 所示。

（15）双击"项目"面板中的"09"文件，在"源"面板中打开。将时间标签放置在 00:00:12:14 的位置，按 I 键，标记入点，如图 2-65 所示。将时间标签放置在 00:00:17:23 的位置，按 O 键，标记出点，如图 2-66 所示。

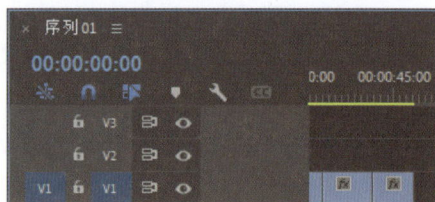

图 2-64

图 2-65

图 2-66

（16）选中"源"面板中的"09"文件并将其拖曳到"时间轴"面板中的"V1"轨道上，效果如图 2-67 所示。

（17）双击"项目"面板中的"10"文件，在"源"面板中打开。将时间标签放置在 00:00:05:11 的位置，按 I 键，标记入点，如图 2-68 所示。将时间标签放置在 00:00:12:06 的位置，按 O 键，标记出点，如图 2-69 所示。

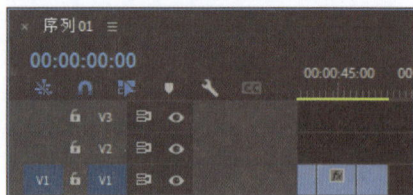

图 2-67

图 2-68

图 2-69

（18）选中"源"面板中的"10"文件并将其拖曳到"时间轴"面板中的"V1"轨道上，效果如图 2-70 所示。

（19）双击"项目"面板中的"11"文件，在"源"面板中打开。将时间标签放置在 00:00:07:22 的位置，按 I 键，标记入点，如图 2-71 所示。将时间标签放置在 00:00:11:21 的位置，按 O 键，标记出点，如图 2-72 所示。

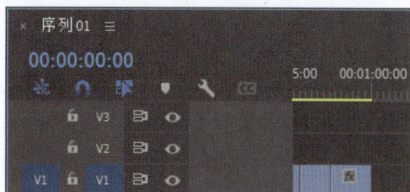

图 2-70

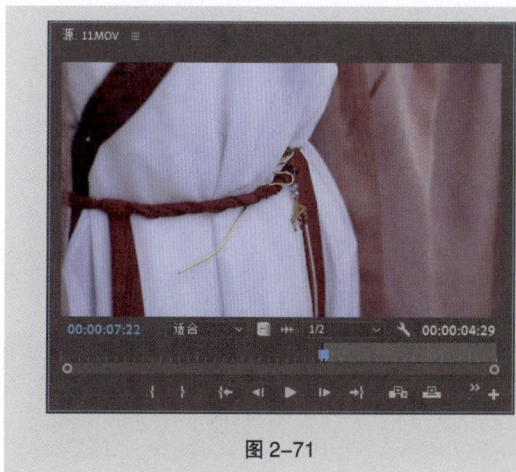

图 2-71

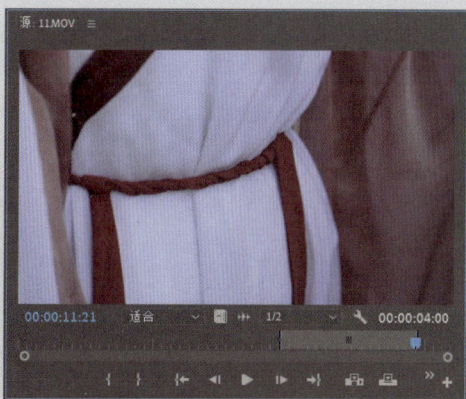

图 2-72

（20）选中"源"面板中的"11"文件并将其拖曳到"时间轴"面板中的"V1"轨道上，效果如图 2-73 所示。

（21）双击"项目"面板中的"12"文件，在"源"面板中打开。将时间标签放置在 00:00:04:17 的位置，按 I 键，标记入点，如图 2-74 所示。将时间标签放置在 00:00:08:09 的位置，按 O 键，标记出点，如图 2-75 所示。

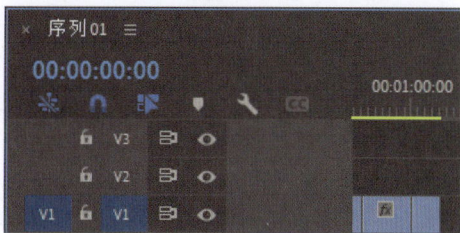

图 2-73

图 2-74

图 2-75

（22）选中"源"面板中的"12"文件并将其拖曳到"时间轴"面板中的"V1"轨道上，效果如图2-76所示。

（23）双击"项目"面板中的"13"文件，在"源"面板中打开。将时间标签放置在00:00:01:28的位置，按I键，标记入点，如图2-77所示。将时间标签放置在00:00:05:15的位置，按O键，标记出点，如图2-78所示。

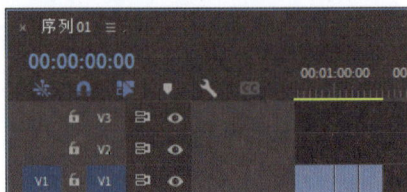

图 2-76

图 2-77

图 2-78

（24）选中"源"面板中的"13"文件并将其拖曳到"时间轴"面板中的"V1"轨道上，效果如图2-79所示。

3．重复使用并剪辑视频素材

（1）双击"项目"面板中的"12"文件，在"源"面板中打开，如图2-80所示。按Ctrl+Shift+X组合键，清除入点和出点，如图2-81所示。

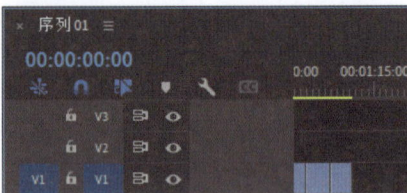

图 2-79

图 2-80

图 2-81

（2）将时间标签放置在 00:00:12:02 的位置，按 I 键，标记入点，如图 2-82 所示。将时间标签放置在 00:00:17:05 的位置，按 O 键，标记出点，如图 2-83 所示。

图 2-82

图 2-83

（3）选中"源"面板中的"12"文件并将其拖曳到"时间轴"面板中的"V1"轨道上，效果如图 2-84 所示。

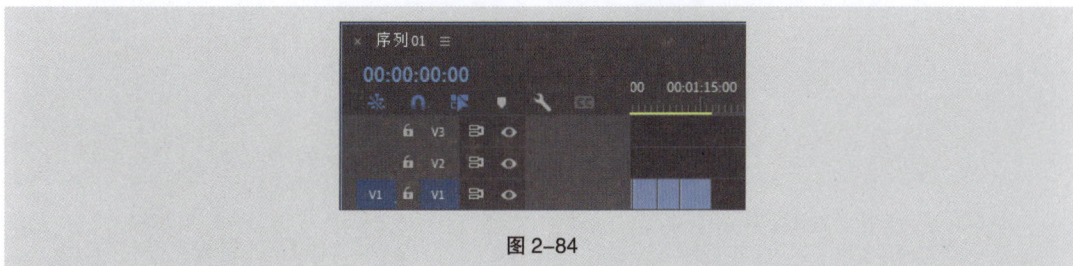

图 2-84

（4）双击"项目"面板中的"14"文件，在"源"面板中打开。将时间标签放置在 00:00:20:03 的位置，按 I 键，标记入点，如图 2-85 所示。将时间标签放置在 00:00:49:15 的位置，按 O 键，标记出点，如图 2-86 所示。

图 2-85

图 2-86

（5）选中"源"面板中的"14"文件并将其拖曳到"时间轴"面板中的"V1"轨道上，效果如图 2-87 所示。

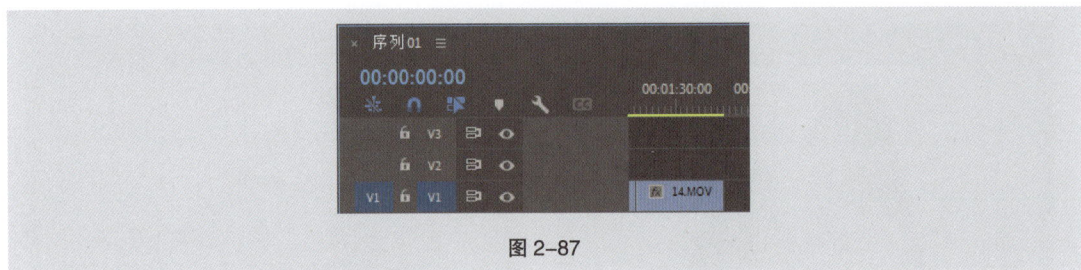

图 2-87

2.2.4　剪辑并调整音频素材

（1）双击"项目"面板中的"15"文件，在"源"面板中打开。将时间标签放置在 00:01:32:13 的位置，按 I 键，标记入点，如图 2-88 所示。将时间标签放置在 00:03:18:15 的位置，按 O 键，标记出点，如图 2-89 所示。

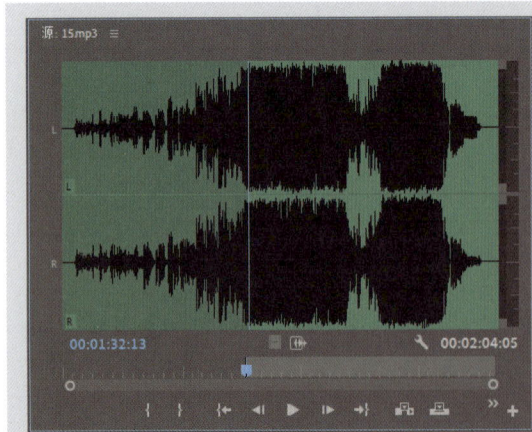

图 2-88

图 2-89

（2）将鼠标指针放置在"源"面板中的"仅拖动音频"按钮上，将其拖曳到"时间轴"面板中的"A1"轨道上，效果如图2-90所示。

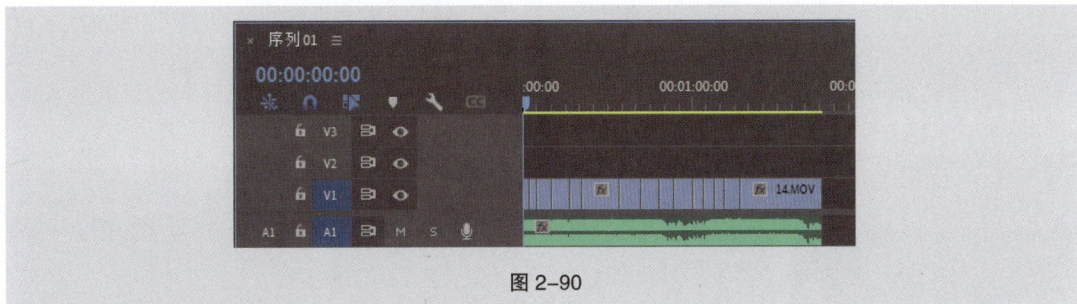

图 2-90

2.2.5　添加并编辑视音频过渡效果

1. 添加并编辑视频过渡效果

（1）在"效果"面板中展开"视频过渡"列表，单击"溶解"文件夹左侧的展开按钮将其展开，选中"交叉溶解"效果，如图2-91所示。将"交叉溶解"效果拖曳到"时间轴"面板中"V1"轨道上"01"文件的开始位置，如图2-92所示。

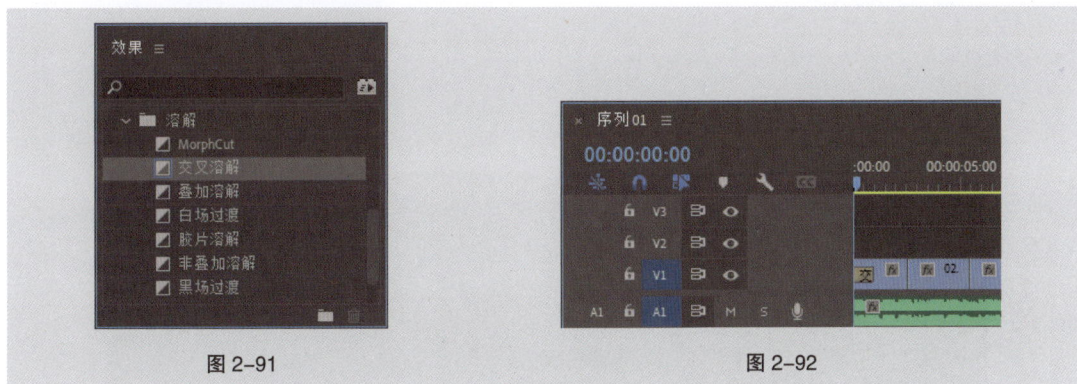

图 2-91

图 2-92

（2）将"效果"面板中的"交叉溶解"效果拖曳到"时间轴"面板中"V1"轨道上"14"文件的结束位置，如图2-93所示。选中"时间轴"面板中的"交叉溶解"效果，在"效果控件"面板中将"持续时间"设置为"00：00：04：07"，如图2-94所示。

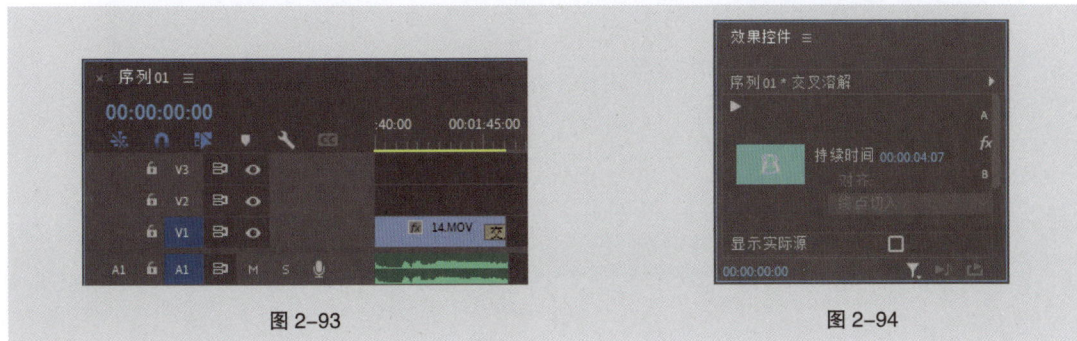

图 2-93

图 2-94

2.添加并编辑音频过渡效果

（1）在"效果"面板中展开"音频过渡"列表，单击"交叉淡化"文件夹左侧的展开按钮 将其展开，选中"指数淡化"效果，如图 2-95 所示。将"指数淡化"效果拖曳到"时间轴"面板中"A1"轨道上"15"文件的开始位置，如图 2-96 所示。

（2）选中"时间轴"面板中的"指数淡化"效果，在"效果控件"面板中将"持续时间"设置为"00:00:02:21"，如图 2-97 所示。

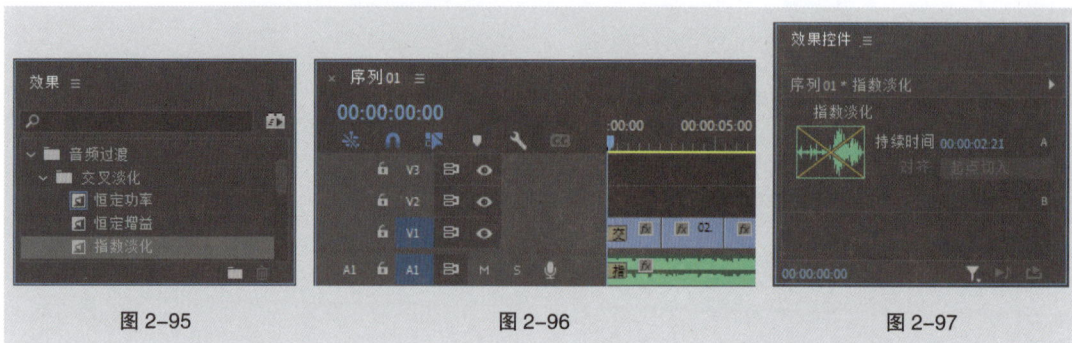

图 2-95　　　　　　　　　　图 2-96　　　　　　　　　　图 2-97

2.2.6　导出视频文件

选择"文件 > 导出 > 媒体"命令，弹出"导出设置"对话框，具体的设置如图 2-98 所示。单击"导出"按钮，导出视频文件。

图 2-98

短视频制作实战 策划 拍摄 制作 运营（全彩慕课版）（第 3 版）（2021 版）

2.3 课后任务

1．任务

制作一段时尚风格的人物写真短视频。

2．任务要求

短视频时长：1分30秒。

拍摄要求：拍摄出各类景别的素材。

素材要求：使用不少于15条素材。

制作要求：按照景别的组接规律，完成短视频的制作。

第 3 章

生活技能短视频

▶ **本章介绍**

　　本章将详细讲解生活技能短视频的拍摄方法和制作技巧。通过对本章的学习，读者能够熟练应用手机等摄像设备来拍摄生活技能短视频。

知识目标

慕课视频

- 了解影响视频对焦的因素。
- 掌握调节对焦以制造景深效果的方法。
- 掌握手动对焦与自动对焦的方法。
- 掌握利用对焦进行叙事的方法。
- 熟练掌握生活技能短视频的制作技巧。

第 3 章　生活技能
短视频

技能目标

- 能够运用所学知识拍摄生活技能短视频。
- 掌握"粽香端午"短视频的制作技巧。

素质目标

- 培养良好的艺术感知能力和审美意识。
- 培养能够不断改进学习方法的能力。
- 培养具有独到见解的创造性思维。

3.1 拍摄期

生活技能短视频可以使用手机等摄像设备进行拍摄。本节将重点讲解对焦操作对视频拍摄的影响，为短视频的后期处理提供帮助。

3.1.1 影响视频对焦的因素

当使用手机、单反等摄像设备拍摄视频时，会因为对焦不同而形成不同的清晰度。本小节将重点讲解准确对焦要考虑的光圈值、快门速度、感光度等，同时重点关注对焦时的曝光。

1. 光圈值

光圈是相机的"瞳孔"。放大或缩小光圈可以增加或减少照射在感光元件上的光量。光圈的大小一般是指光圈孔的大小，称为"光圈值"。常见的光圈值有 f/1、f/1.4、f/2、f/2.8、f/4、f/5.6、f/8、f/11、f/16、f/22，单反和微单中还有 f/3.5、f/6.3 等光圈值。光圈值中的数字越大，表示光圈越小，如图 3-1 所示。

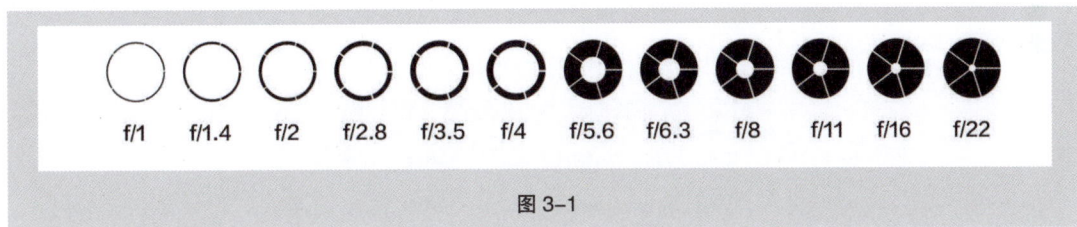

图 3-1

调节光圈将影响对焦清晰的范围，能得到不同的景深效果。一般情况下，小光圈的光圈值为 f/8、f/11、f/16 等，使用小光圈可以得到更深的景深，让整个画面都清晰；大光圈的光圈值为 f/1.4、f/2、f/2.8、f/4 等，使用大光圈得到的景深会很浅，画面虚化且局部模糊，但主体会更精确、对焦清晰的范围更小，如图 3-2 所示。

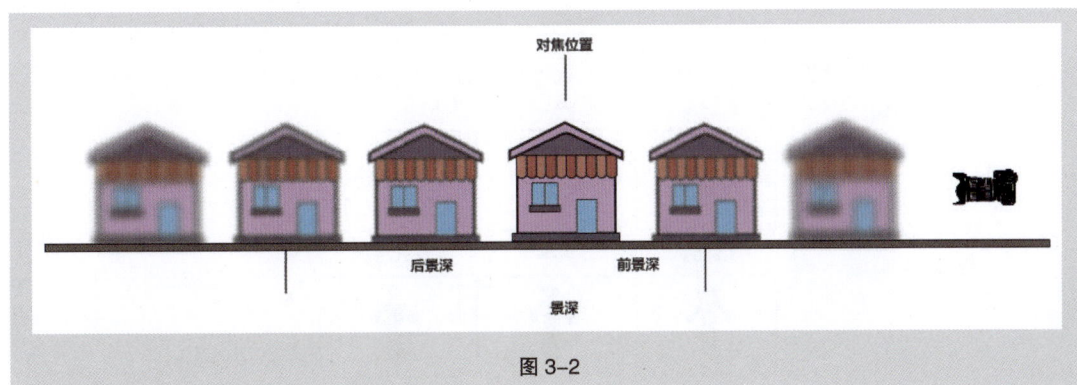

图 3-2

2. 快门速度

快门是控制光线照射相机感光元件时间的装置。快门速度的单位是时间，快的有几千分之一秒甚至几万分之一秒，慢的有几秒、几分钟。若对着光源拍摄，快门速度要快，否则画面会曝光过度；若对着夜空拍摄，快门速度要慢，否则画面会曝光不足，如图 3-3 所示。

图 3-3

常用的快门速度为几百分之一秒或几千分之一秒，如 1/250s、1/4000s。一般相机的快门速度最快为 1/4000s 或 1/8000s，最慢为 30s，快门速度超过 30s 的快门可以用 B/Bulb 快门代替。拍摄视频时可先用 1/150s 的快门速度，再配合曝光情况进行调节。一般会将快门速度的分母值设为帧速率的两倍，例如，帧速率设定为 25 帧 / 秒，则快门速度就设为 1/50s。图 3-4 所示为不同帧速率下建议使用的快门速度。

视频规格	帧速率	建议快门速度
1080 24p	24帧/秒	1/48s
1080 25p	25帧/秒	1/50s
1080 30p	30帧/秒	1/60s
1080 60p	60帧/秒	1/120s
1080 120p	120帧/秒	1/240s

图 3-4

拍摄视频时，快门速度越快，画面流畅度越高，视频越清晰。如果画面流畅度为固定数值，则快门速度越慢，视频清晰度就越低。快门速度设置过低会导致视频中的运动不流畅，如图 3-5 所示。

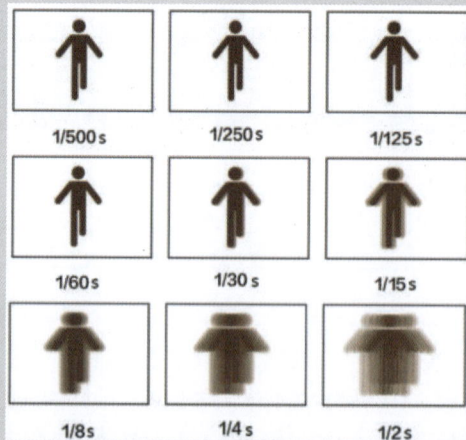

图 3-5

在室内拍摄时，由于灯光闪烁或计算机液晶屏的光线问题，视频画面中会出现条纹或抖动等频闪问题，如图 3-6 所示。频闪是指单位时间内灯光的闪烁次数。通常情况下，日光灯的闪烁频率在 50Hz 左右，在此条件下，快门速度要设为 1/50s；计算机液晶屏的闪烁频率在 60Hz 左右，在此条件下，快门速度要设为 1/60s。快门速度的倒数与日光灯和计算机液晶屏的闪烁频率保持一致，就不易出现频闪问题。

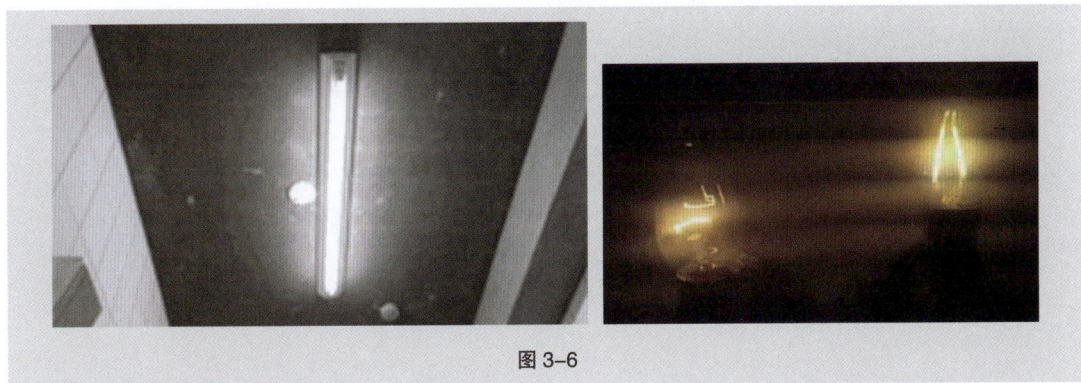

图 3-6

3. 感光度

感光度，在胶片时代，是指胶片对光线的敏感程度；在数码时代，是指感光元件对光线的感应能力。常用的感光度有 50、100、200、400、800、1600、3200、6400、10000 等，如图 3-7 所示。

感光度越小，感光元件对光线的感应能力越弱，曝光量越低，画面越清晰；感光度越大，感光元件对光线的感应能力越强，曝光量越高，画面噪点越多，画面越不清晰。相机的性能越好，感光度的可调节范围就越大，可以在增加一定的感光度的情况下不影响视频拍摄的画质。

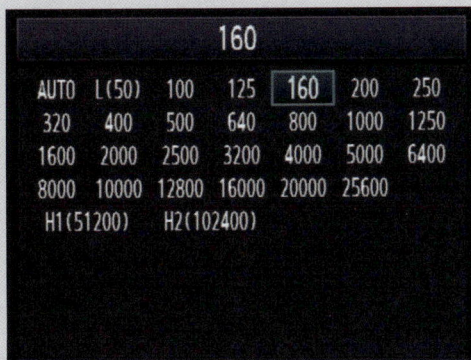

图 3-7

4. 曝光

光圈值、快门速度与感光度是决定曝光的 3 个要素，如图 3-8 所示。三者的关系（也就是通常所说的"曝光互易率"的关系）可以用"曝光三角形"来表示，如图 3-9 所示。可以看出，光圈值越大，景深越浅，感光度也越大，画面噪点就会越多，画面清晰度会下降，此时，就需要对快门速度进行调节，以确保曝光正常。

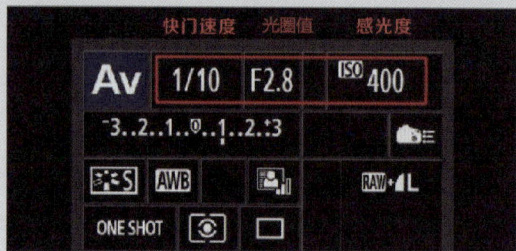

图 3-8

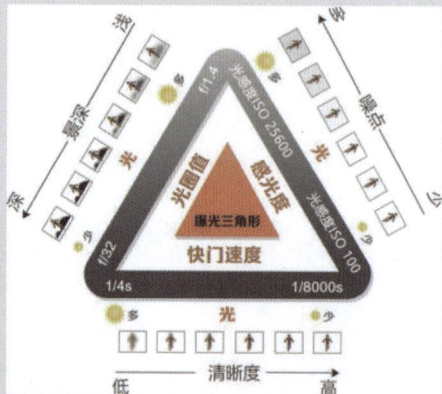

图 3-9

在数码时代，随着技术的不断进步，感光元件的降噪功能越来越好，曝光三要素的互易作用也在不断增强。

例如，当光圈值为 f/2.8、快门速度为 1/1000s、感光度为 100 时，使感光度保持不变，将光圈值增加为 f/2，快门速度设为 1/2000s，可以得到相同的曝光效果；使快门速度保持不变，将光圈值减小为 f/4，感光度增加为 200，同样可得到相同的曝光效果。

在调节视频画面的曝光时，只要不是极端地调整感光度，就可以略微忽略由于感光度的变化所造成的噪点问题。例如，当光圈值为 f/2.8、快门速度为 1/30s、感光度为 100 时，得到的视频画面如图 3-10 所示；当光圈值为 f/2.8、快门速度为 1/60s、感光度为 8000 时，得到的视频画面如图 3-11 所示；当光圈值为 f/2.8、快门速度为 1/3000s、感光度为 12800 时，得到的视频画面如图 3-12 所示。由此可以看出，将感光度增大到一定程度对画面的清晰程度和颗粒度的影响并不是很明显。

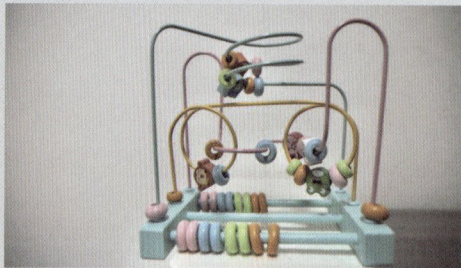

图 3-10

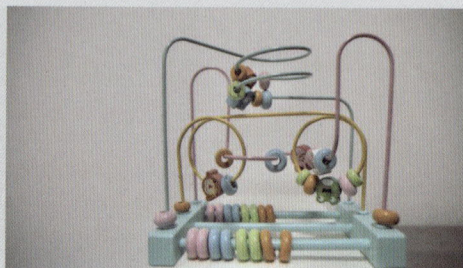

图 3-11

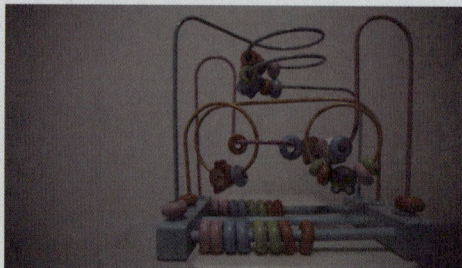

图 3-12

因此，在拍摄视频时，尽量使用摄像设备的 MF 挡（手动拍摄挡位）来拍摄，保持其中一个因素不变后，调节其他因素可得到正常的曝光效果。

3.1.2　调节对焦以制造景深效果

拍摄视频时，我们要根据拍摄类型和镜头的不同，有效地调节对焦以制作不同的景深效果。

1．拍摄风光类镜头

拍摄风光类镜头时要用小光圈、广角（短焦距）镜头来制作深景深效果，将距离远的前景和后景清晰地展现在整个画面中。此类镜头在对焦时有效的清晰范围比较大，不容易跑焦。

2．拍摄人物类镜头

拍摄人物类镜头时要用大光圈、长焦镜头来制作浅景深效果。这样拍摄距离较近，拍摄效果较好。用此类镜头拍摄视频时要关注焦点的变化，因为景深浅、清晰范围小，所以很容易出现跑焦的问题。

3．拍摄运动类镜头

拍摄运动类镜头时要用长焦镜头制作很浅的景深效果。为了保证被摄主体清晰、完整，需要尽量让虚化效果、景深效果不明显。使用此类镜头拍摄视频时要尽量关注焦点的变化，保证被摄主体清晰。

3.1.3　手动对焦与自动对焦

使用手机、单反、微单、摄像机等摄像设备拍摄视频时，都存在手动对焦和自动对焦两种操作。此处主要讲解手机和单反的对焦操作。

1．手机的对焦操作

使用手机拍摄视频时，对焦一般都由手机内部的对焦系统完成。使用手机拍摄无法实现纯手动对焦，但可以手动选择焦点的位置，以确保被摄主体清晰。

打开手机中的相机，进入拍摄模式，如图 3-13 所示。用手指拖动对焦选择框至对焦主体的位置，松开手指，对焦选择框将自动对选择的主体进行精确对焦，如图 3-14 所示。

图 3-13

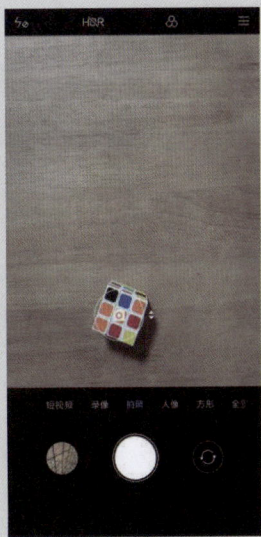

图 3-14

2．单反的对焦操作

使用单反拍摄视频时，需要先切换到视频拍摄模式。一般在单反上，该模式用红色的摄像机图标来表示，如图 3-15 所示。

单反一般有自动对焦（AF）和手动对焦（MF）两种对焦模式，如图 3-16 所示。自动对焦是指单反控制镜头自动匹配焦点，手动对焦是指通过手动操作对焦环来控制焦点。对于这两种对焦模式，拍摄者可以根据需要进行切换。

图 3-15

图 3-16

（1）视频的自动对焦拍摄

随着科技的发展，摄像设备中的自动对焦和人脸追踪功能已成为标准配置。使用这些功能来完成日常生活中的简单拍摄十分方便，但要拍摄出具有针对性、艺术性的视频素材还有些困难。

（2）视频的手动对焦拍摄

要进行手动对焦拍摄，首先要将对焦模式设为 MF，然后手动调整对焦环。手动对焦拍摄出的视频更灵活生动，针对性强。大多数相机的对焦环位于变焦环的旁边，图 3-17 和图 3-18 所示分别为佳能和尼康相机的对焦环。

图 3-17

图 3-18

拍摄照片与拍摄视频在流程上有明显的区别。拍摄照片时一般要先让相机自动对焦，锁定焦点后再构图。而拍摄视频时往往要先确定构图，再确定焦点，以保证画面的清晰度。因此，焦点的调整对于视频的拍摄有着至关重要的作用。

3.1.4 短视频视听语言——利用对焦进行叙事

画面连续变化是视频的特点，在一个镜头中可以通过不断调整焦点来表现不同的画面效果。下面，我们根据"粽香端午"短视频的素材来呈现利用对焦变化所拍摄出的画面效果。

图 3-19 和图 3-20 表现的是画面中的主体由虚变实的过程。如果只是简单的画面，那么画面转接的流畅度不会很高，因此，我们可以利用对焦变化来制造动感效果，提高画面转接的流畅度。

图 3-19   图 3-20

手链由虚变实，能够制造出具有动感的画面聚焦效果，让观者的视线聚焦在由虚变实的手链上，如图 3-21 和图 3-22 所示。

图 3-21   图 3-22

原材料画面由虚变实，是为了与前一个画面的由虚变实的转场效果衔接，实现快速的连续转场效果，如图 3-23 和图 3-24 所示。

图 3-23   图 3-24

展现从前景拿馅料过渡到后景包粽子的过程，是将固定画面变成动感画面的有效方法，这也可以有效地对观者的关注点进行动态转移，让画面更生动和富有节奏感，如图 3-25 和图 3-26 所示。

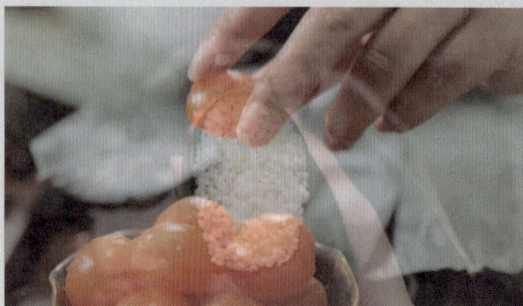

图 3-25 图 3-26

3.2 制作期——制作"粽香端午"短视频

使用"新建"和"导入"命令新建项目并导入视频素材，使用"剪辑 > 取消链接"命令取消视音频链接，使用编辑点调整项目素材，使用"效果"面板添加视音频过渡效果和音频效果，使用"效果控件"面板编辑视频过渡效果、调整项目素材的不透明度并制作动画，使用"导出"命令导出视频文件。最终效果参看"Ch03\ 粽香端午 \ 粽香端午 .prproj"，如图 3-27 所示。

慕课视频 慕课视频

3.2 制作期—— 3.2 制作期——
制作"粽香端午" 制作"粽香端午"
短视频 1 短视频 2

慕课视频 慕课视频

3.2 制作期—— 3.2 制作期——
制作"粽香端午" 制作"粽香端午"
短视频 3 短视频 4

图 3-27

3.2.1 新建项目并导入素材

（1）启动 Premiere Pro 2021，选择"文件 > 新建 > 项目"命令，弹出"新建项目"对话框，如图 3-28 所示，单击"确定"按钮，新建项目。选择"文件 > 新建 > 序列"命令，弹出"新建序列"对话框，选择"设置"选项卡，设置如图 3-29 所示，单击"确定"按钮，新建序列。

（2）选择"文件 > 导入"命令，弹出"导入"对话框，选择"Ch03\ 粽香端午 \ 素材 \01 ～ 32"文件，如图 3-30 所示。单击"打开"按钮，将文件导入"项目"面板，如图 3-31 所示。

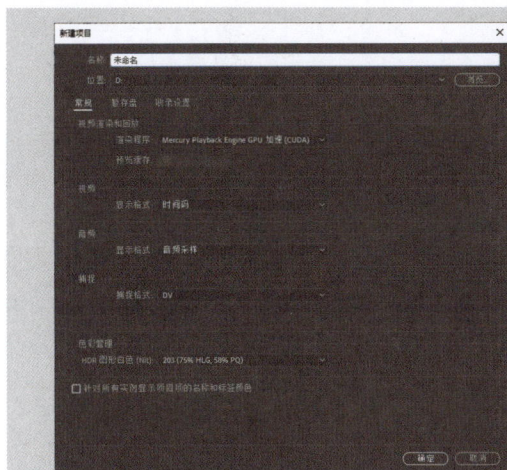

图 3-28

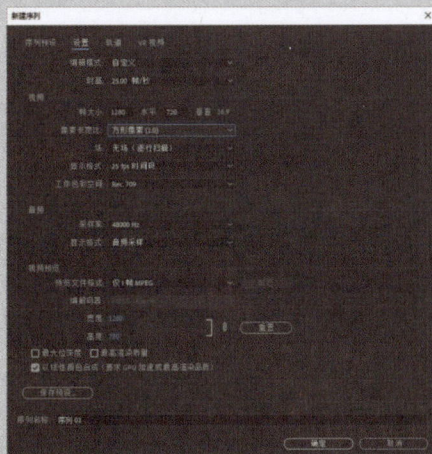

图 3-29

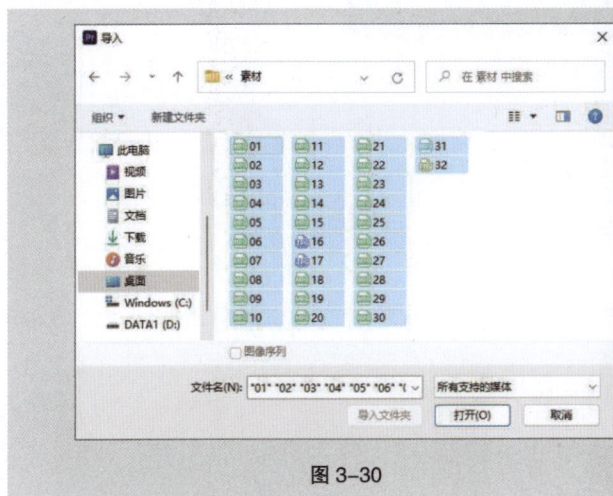

图 3-30

图 3-31

3.2.2　取消视音频链接

（1）将"项目"面板中的"01"文件拖曳到"时间轴"面板中的"V1"轨道上，如图 3-32 所示。选中"时间轴"面板中的"01"文件，选择"剪辑 > 取消链接"命令，取消视音频链接，如图 3-33 所示。

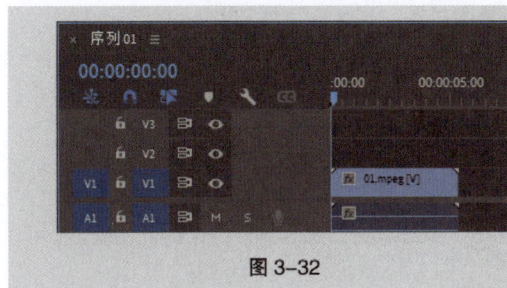

图 3-32

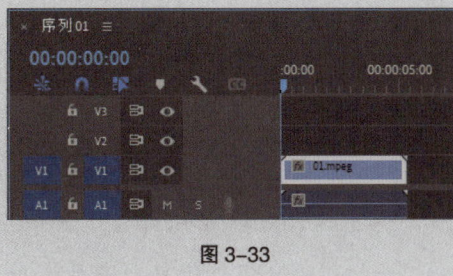

图 3-33

（2）选中"时间轴"面板中"A1"轨道上的音频文件，如图 3-34 所示。按 Delete 键删除，如图 3-35 所示。单击音频轨道左侧的音频标签，如图 3-36 所示，激活音频内容，覆盖插入的音频。

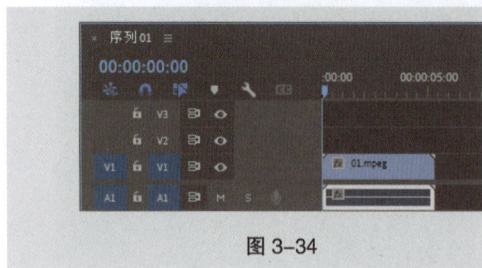

图 3-34

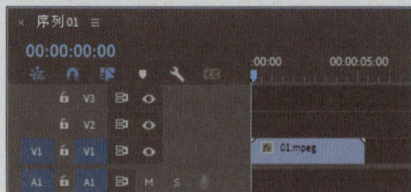

图 3-35

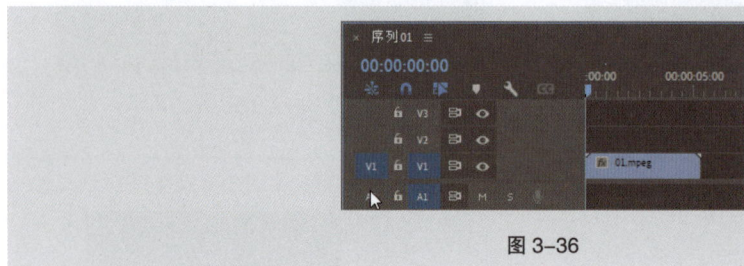

图 3-36

3.2.3　剪辑并调整项目素材

1．剪辑并调整视频和图片素材

（1）将时间标签放置在 00:00:04:00 的位置，如图 3-37 所示。将鼠标指针放在"01"文件的结束位置，当鼠标指针呈◀状时单击并向左拖曳到 00:00:04:00 的位置，如图 3-38 所示。

图 3-37

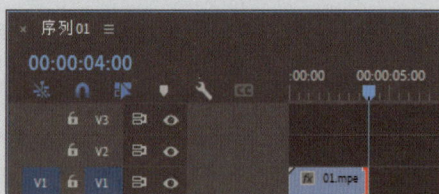

图 3-38

（2）将时间标签放置在 00:00:01:04 的位置，将"项目"面板中的"32"文件拖曳到"时间轴"面板中的"V2"轨道上，如图 3-39 所示。将鼠标指针放在"32"文件的结束位置，当鼠标指针呈◀状时单击并向左拖曳到与"01"文件的结束位置齐平，如图 3-40 所示。

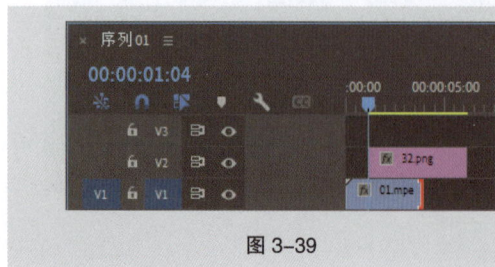

图 3-39

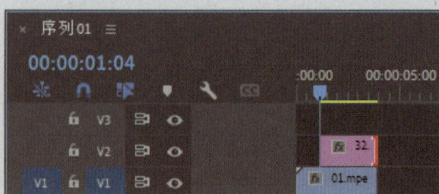

图 3-40

（3）将"项目"面板中的"02"文件拖曳到"时间轴"面板中的"V1"轨道上，如图 3-41 所示。将时间标签放置在 00:00:05:00 的位置，将鼠标指针放在"02"文件的结束位置，当鼠标指针呈 ◄► 状时单击并向左拖曳到 00:00:05:00 的位置，如图 3-42 所示。

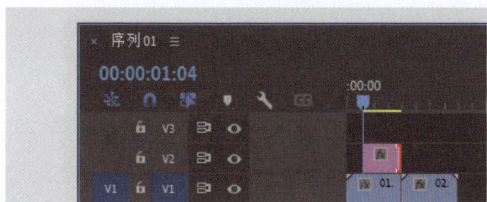
图 3-41

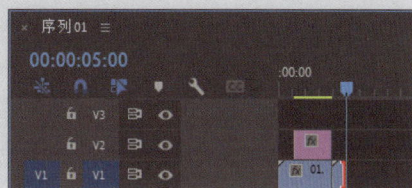
图 3-42

（4）将"项目"面板中的"03"文件拖曳到"时间轴"面板中的"V1"轨道上，如图 3-43 所示。将时间标签放置在 00:00:07:00 的位置，在"项目"面板中，按住 Ctrl 键依次选中"05""06""07""09""10""12""13""14""15"文件并将其拖曳到"时间轴"面板中的"V1"轨道上，如图 3-44 所示。

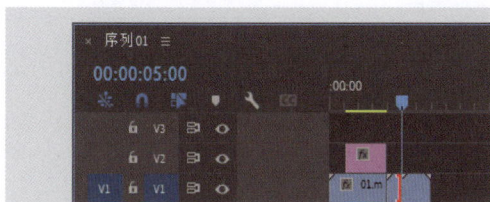
图 3-43

图 3-44

（5）按住 Alt 键，将下方的音频全部选取，如图 3-45 所示。按 Delete 键删除，如图 3-46 所示。

图 3-45

图 3-46

（6）将时间标签放置在 00:00:07:13 的位置，将"项目"面板中的"04"文件拖曳到"时间轴"面板中的"V2"轨道上，如图 3-47 所示。将时间标签放置在 00:00:13:21 的位置，将"项目"面板中的"08"文件拖曳到"时间轴"面板中的"V2"轨道上，如图 3-48 所示。

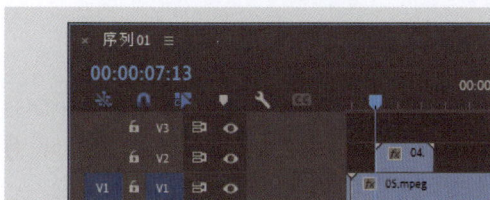
图 3-47

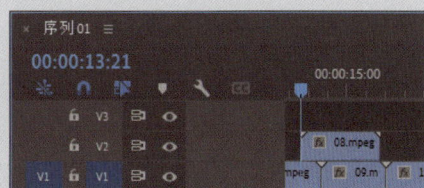
图 3-48

（7）将时间标签放置在 00:00:14:22 的位置，将鼠标指针放在"08"文件的结束位置，当鼠标指针呈◀▶状时单击，选取编辑点，如图 3-49 所示。按 E 键，将所选编辑点扩展到与时间标签齐平的位置，如图 3-50 所示。

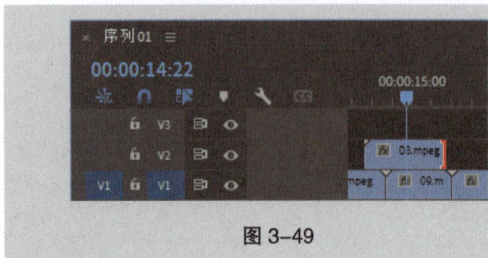
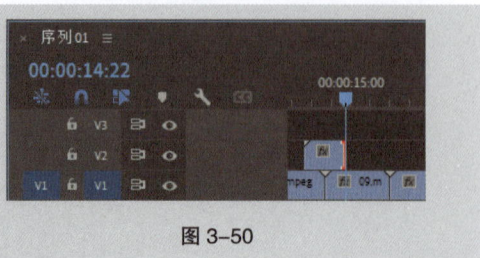

图 3-49 　　　　　　　　　　　　　　　　　　　图 3-50

（8）将时间标签放置在 00:00:16:19 的位置，将"项目"面板中的"11"文件拖曳到"时间轴"面板中的"V2"轨道上，如图 3-51 所示。选择"时间轴"面板中的"11"文件，选择"剪辑 > 速度 / 持续时间"命令，在弹出的"剪辑速度 / 持续时间"对话框中进行设置，如图 3-52 所示，单击"确定"按钮。

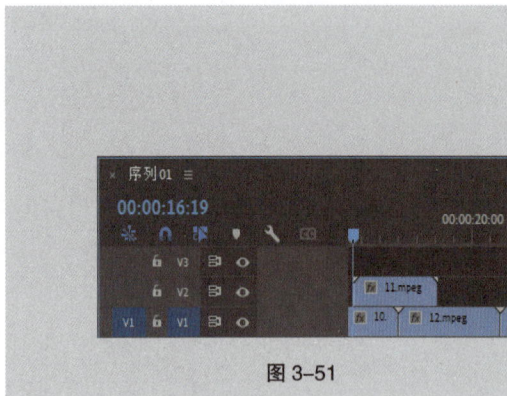
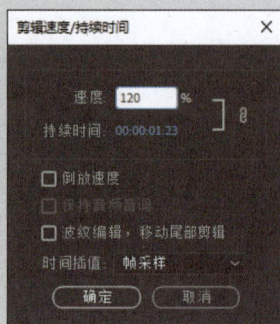

图 3-51 　　　　　　　　　　　　　　　　　　　图 3-52

（9）将时间标签放置在 00:00:25:23 的位置，将"项目"面板中的"16"文件拖曳到"时间轴"面板中的"V1"轨道上，如图 3-53 所示。将时间标签放置在 00:00:26:12 的位置，将鼠标指针放在"16"文件的结束位置，当鼠标指针呈◀▶状时单击，选取编辑点，按 E 键，将所选编辑点扩展到与时间标签齐平的位置，如图 3-54 所示。

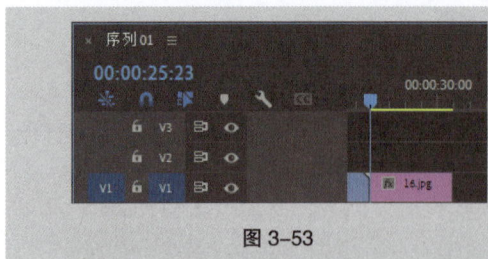
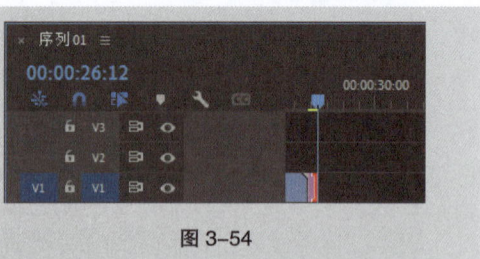

图 3-53 　　　　　　　　　　　　　　　　　　　图 3-54

（10）将"项目"面板中的"17"文件拖曳到"时间轴"面板中的"V1"轨道上，如图 3-55 所示。将时间标签放置在 00:00:27:02 的位置，将鼠标指针放在"17"文件的结束位置，当鼠标指针呈◀▶状时单击，选取编辑点，按 E 键，将所选编辑点扩展到与时间标签齐平的位置，如图 3-56 所示。

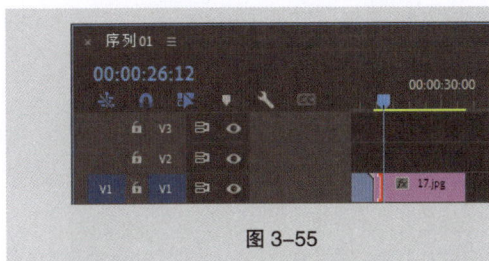

图 3-55

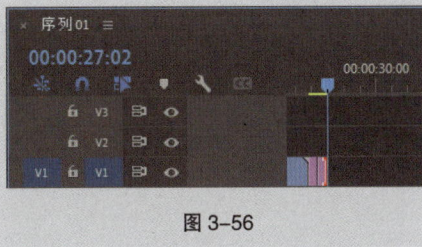

图 3-56

（11）在"项目"面板中，按 Shift 键依次选中"18 ～ 21"文件并将它们拖曳到"时间轴"面板中的"V1"轨道上，如图 3-57 所示。按住 Alt 键将下方的音频全部选取，如图 3-58 所示。按 Delete 键删除，如图 3-59 所示。

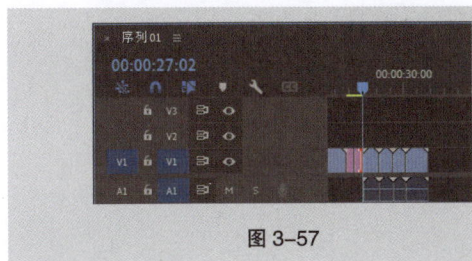

图 3-57

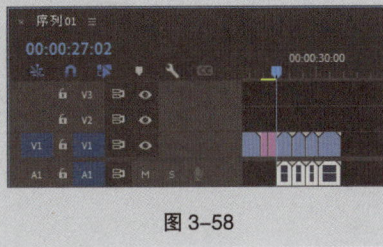

图 3-58

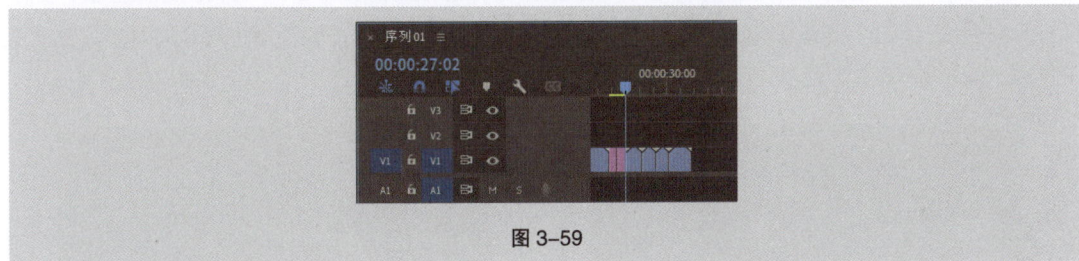

图 3-59

（12）将时间标签放置在 00:00:31:19 的位置，将"项目"面板中的"22"文件拖曳到"时间轴"面板中的"V1"轨道上，如图 3-60 所示。选择"时间轴"面板中的"22"文件，选择"剪辑 > 速度/持续时间"命令，在弹出的"剪辑速度/持续时间"对话框中进行设置，如图 3-61 所示，单击"确定"按钮。

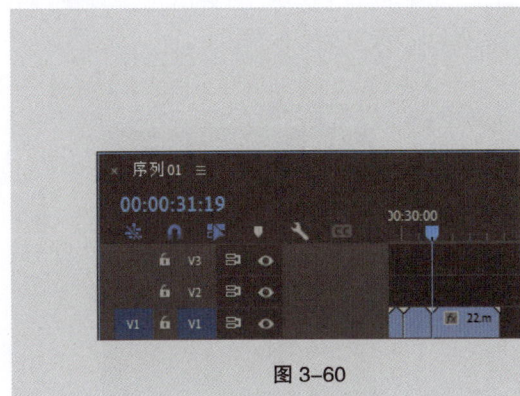

图 3-60

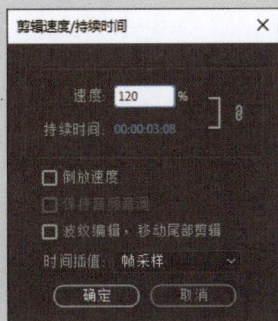

图 3-61

（13）将时间标签放置在 00:00:35:02 的位置，在"项目"面板中，按住 Shift 键依次选中

"23 ～ 26" 文件并将它们拖曳到 "时间轴" 面板中的 "V1" 轨道上，如图 3-62 所示。按住 Alt 键将下方的音频全部选取，如图 3-63 所示。按 Delete 键删除，如图 3-64 所示。

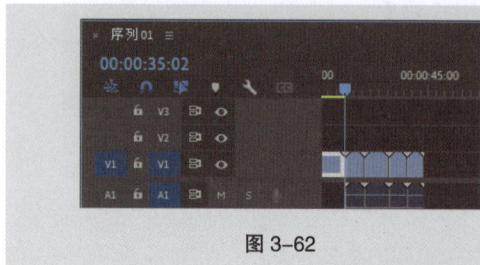

图 3-62

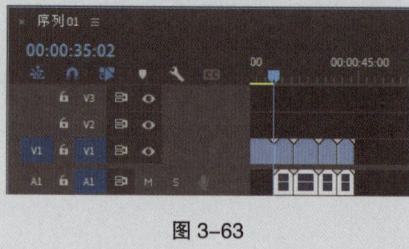

图 3-63

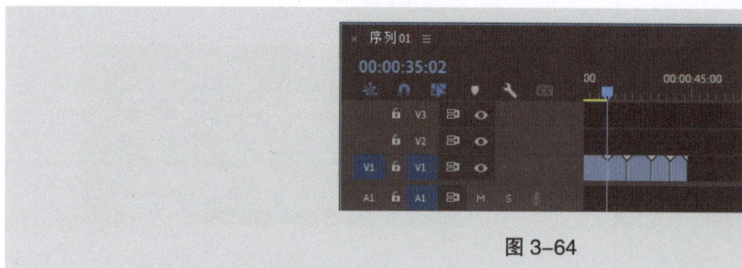

图 3-64

（14）将时间标签放置在 00:00:43:21 的位置，将鼠标指针放在 "26" 文件的结束位置，当鼠标指针呈 ◄ 状时单击，选取编辑点，如图 3-65 所示。按 E 键，将所选编辑点扩展到与时间标签齐平的位置，如图 3-66 所示。

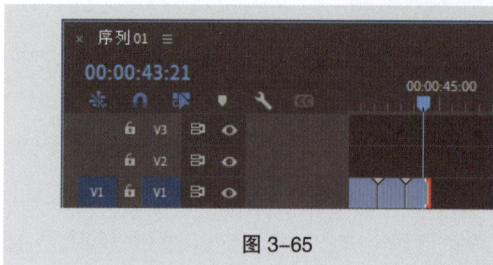

图 3-65

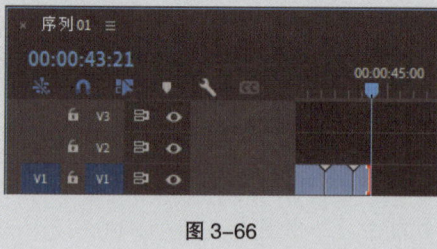

图 3-66

（15）将 "项目" 面板中的 "27" 文件拖曳到 "时间轴" 面板中的 "V1" 轨道上，如图 3-67 所示。选择 "时间轴" 面板中的 "27" 文件，选择 "剪辑 > 速度 / 持续时间" 命令，在弹出的 "剪辑速度 / 持续时间" 对话框中进行设置，如图 3-68 所示，单击 "确定" 按钮。

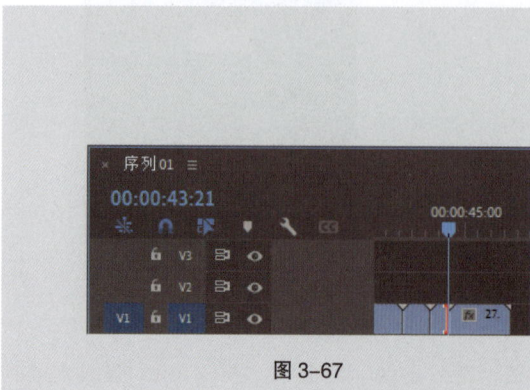

图 3-67

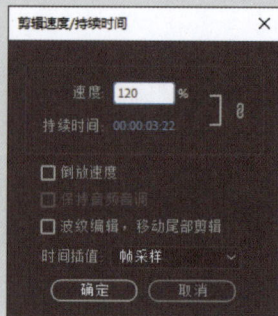

图 3-68

（16）将时间标签放置在00:00:47:19的位置，将"项目"面板中的"28"文件拖曳到"时间轴"面板中的"V1"轨道上，如图3-69所示。选择"时间轴"面板中的"28"文件，选择"剪辑＞速度／持续时间"命令，在弹出的"剪辑速度／持续时间"对话框中进行设置，如图3-70所示，单击"确定"按钮。

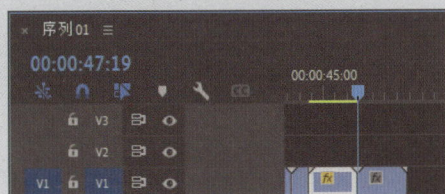
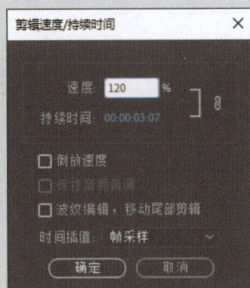

图3-69　　　　　　　　　　　　　图3-70

（17）将时间标签放置在00:00:49:18的位置，将"项目"面板中的"29"文件拖曳到"时间轴"面板中的"V2"轨道上，如图3-71所示。将时间标签放置在00:00:53:00的位置，将"项目"面板中的"30"文件拖曳到"时间轴"面板中的"V1"轨道上，如图3-72所示。

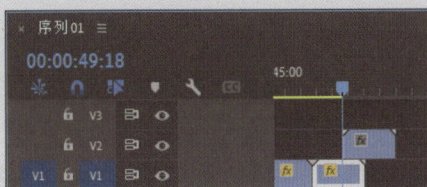
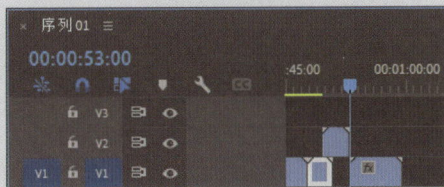

图3-71　　　　　　　　　　　　　图3-72

2．剪辑并调整音频素材

（1）双击"项目"面板中的"31"文件，在"源"面板中打开。将时间标签放置在00:00:02:18的位置，按 I 键，标记入点，如图3-73所示。将时间标签放置在00:01:14:06的位置，按 O 键，标记出点，如图3-74所示。

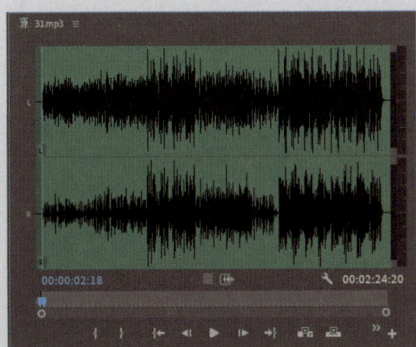
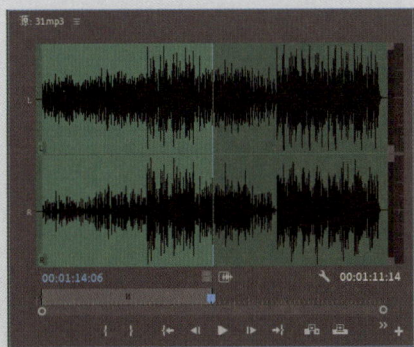

图3-73　　　　　　　　　　　　　图3-74

（2）将鼠标指针放置在"源"面板中的"仅拖动音频"按钮 ![] 上，如图3-75所示，将其拖曳到"时间轴"面板中的"A1"轨道上，如图 3-76 所示。

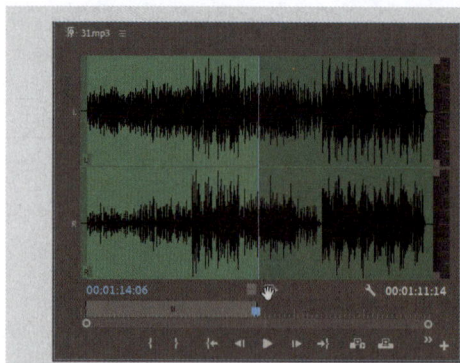

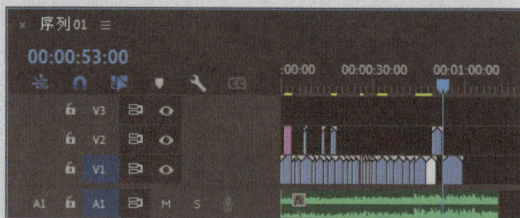

图 3-75   图 3-76

（3）选择"时间轴"面板中的"31"文件，选择"剪辑＞速度／持续时间"命令，在弹出的"剪辑速度／持续时间"对话框中进行设置，如图 3-77 所示，单击"确定"按钮，"时间轴"面板如图 3-78 所示。

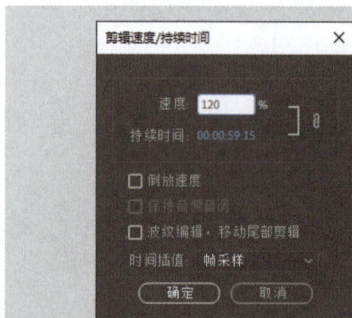

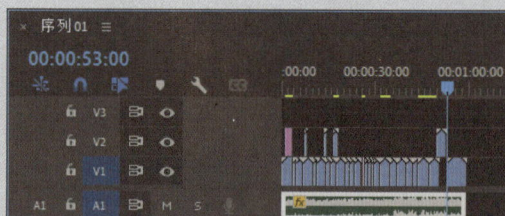

图 3-77   图 3-78

3.2.4 添加并编辑视音频效果

1. 添加并调整视频过渡效果

（1）在"效果"面板中展开"视频过渡"列表，单击"溶解"文件夹左侧的展开按钮 ❯ 将其展开，选择"交叉溶解"效果，如图 3-79 所示。将"交叉溶解"效果拖曳到"时间轴"面板中"02"文件的开始位置，如图 3-80 所示。

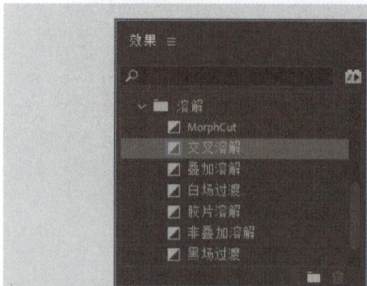

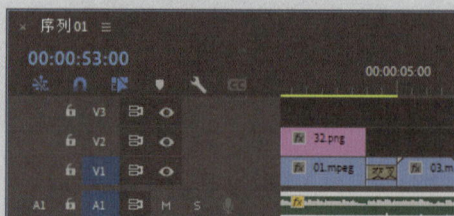

图 3-79   图 3-80

（2）选中"时间轴"面板中的"交叉溶解"效果，如图 3-81 所示。在"效果控件"面板中将"持续时间"设置为"00:00:00:10"，如图 3-82 所示。

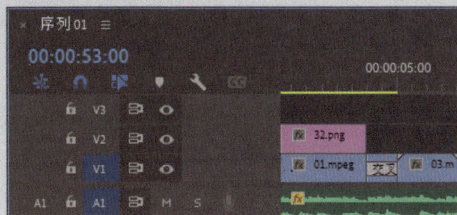
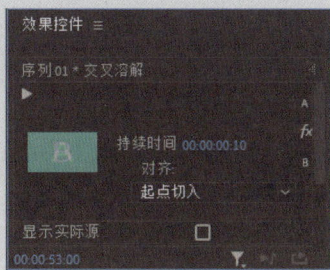

图 3-81 图 3-82

（3）将"效果"面板中的"交叉溶解"效果拖曳到"时间轴"面板中"V2"轨道上"32"文件的开始位置，如图 3-83 所示。选中"时间轴"面板中的"交叉溶解"效果，在"效果控件"面板中将"持续时间"设置为"00:00:00:14"，如图 3-84 所示。

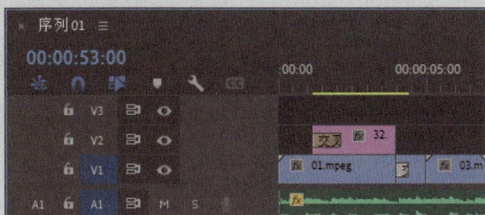
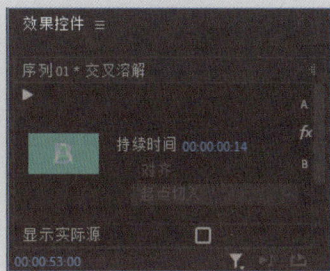

图 3-83 图 3-84

（4）将"效果"面板中的"交叉溶解"效果拖曳到"时间轴"面板中"V1"轨道上"03"文件的结束位置，如图 3-85 所示。选中"时间轴"面板中的"交叉溶解"效果，在"效果控件"面板中将"持续时间"设置为"00:00:00:15"，如图 3-86 所示。

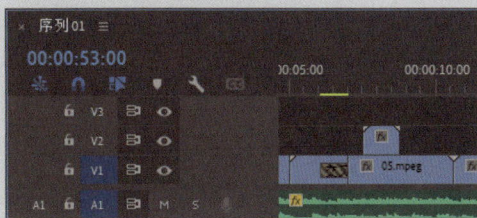
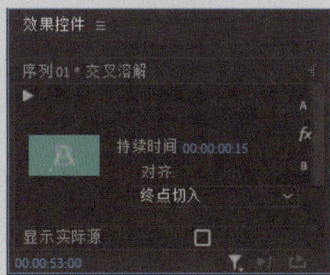

图 3-85 图 3-86

（5）将"效果"面板中的"交叉溶解"效果拖曳到"时间轴"面板中"V2"轨道上"08"文件的结束位置，如图 3-87 所示。选中"时间轴"面板中的"交叉溶解"效果，在"效果控件"面板中将"持续时间"设置为"00:00:00:08"，如图 3-88 所示。

图 3-87

图 3-88

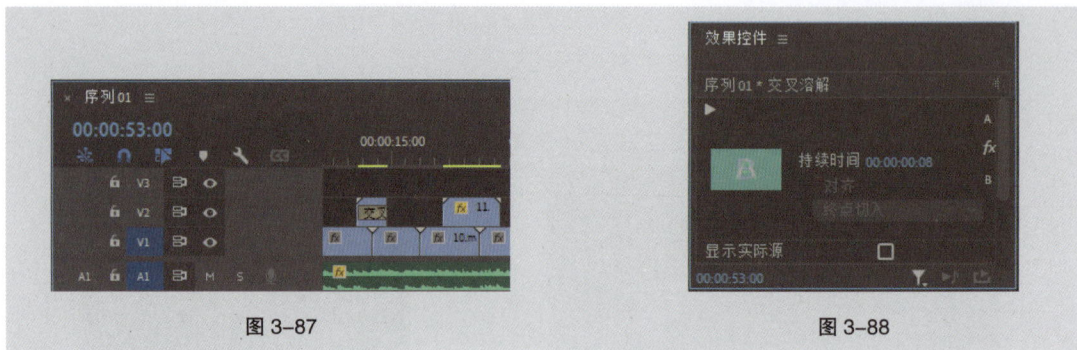

（6）将"效果"面板中的"交叉溶解"效果分别拖曳到"时间轴"面板中"V2"轨道上"11"文件的开始位置和结束位置，如图 3-89 所示。选中"时间轴"面板中的"交叉溶解"效果，在"效果控件"面板中将"持续时间"分别设置为"00:00:00:08"和"00:00:00:09"，如图 3-90 和图 3-91 所示。

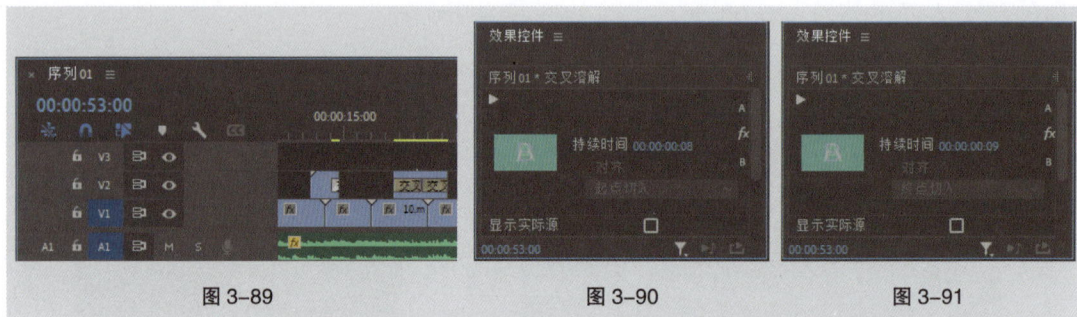

图 3-89

图 3-90

图 3-91

（7）将"效果"面板中的"交叉溶解"效果拖曳到"时间轴"面板中"V1"轨道上"12"文件和"13"文件之间，如图 3-92 所示。选中"时间轴"面板中的"交叉溶解"效果，在"效果控件"面板中将"持续时间"设置为"00:00:00:20"，如图 3-93 所示。

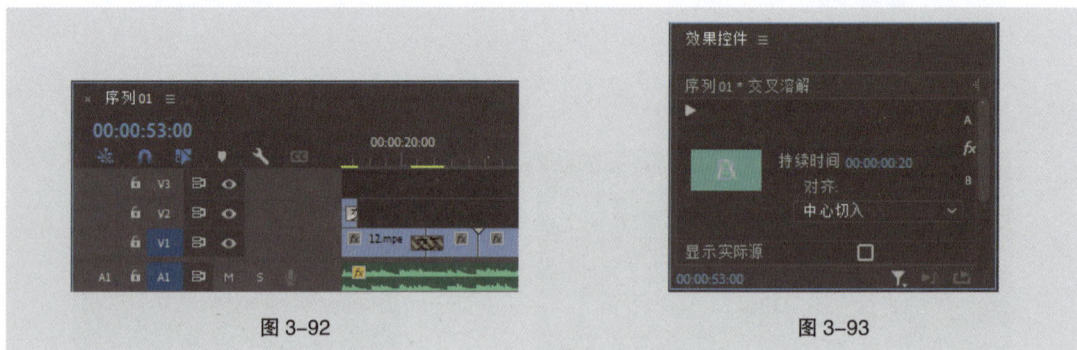

图 3-92

图 3-93

（8）将"效果"面板中的"交叉溶解"效果拖曳到"时间轴"面板中"V1"轨道上"13"文件和"14"文件之间，如图 3-94 所示。选中"时间轴"面板中的"交叉溶解"效果，在"效果控件"面板中将"持续时间"设置为"00:00:00:20"，如图 3-95 所示。

（9）在"效果"面板中，单击"内滑"文件夹左侧的展开按钮 > 将其展开，选中"拆分"效果，如图 3-96 所示。将"拆分"效果拖曳到"时间轴"面板中"V1"轨道上"15"文件的结束位置，如图 3-97 所示。

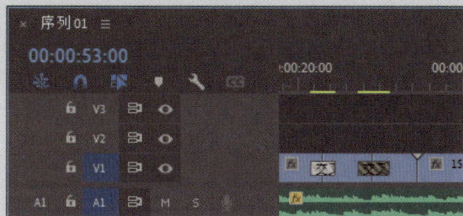

图 3-94

图 3-95

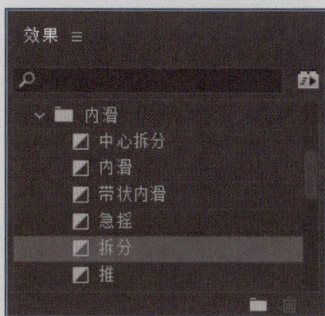

图 3-96

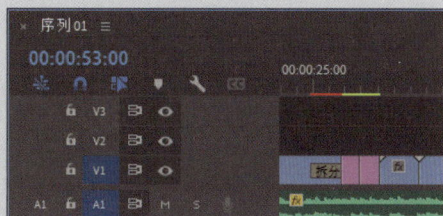

图 3-97

（10）选中"时间轴"面板中的"拆分"效果，在"效果控件"面板中将"持续时间"设为"00:00:00:11"，如图 3-98 所示，"时间轴"面板如图 3-99 所示。

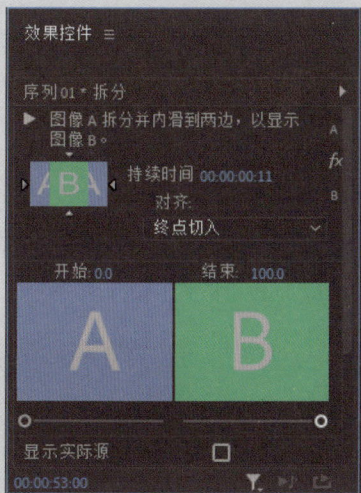

图 3-98

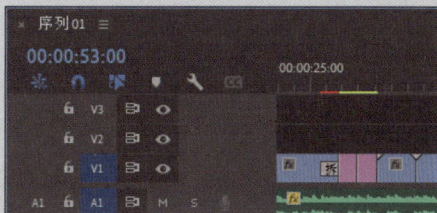

图 3-99

（11）在"效果"面板中，单击"擦除"文件夹左侧的展开按钮▷将其展开，选中"百叶窗"效果，如图 3-100 所示。将"百叶窗"效果拖曳到"时间轴"面板中"V1"轨道上"18"文件和"19"文件之间，如图 3-101 所示。

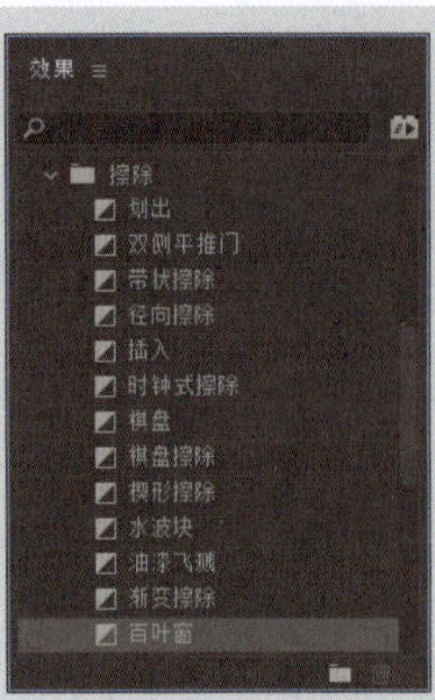

图 3-100

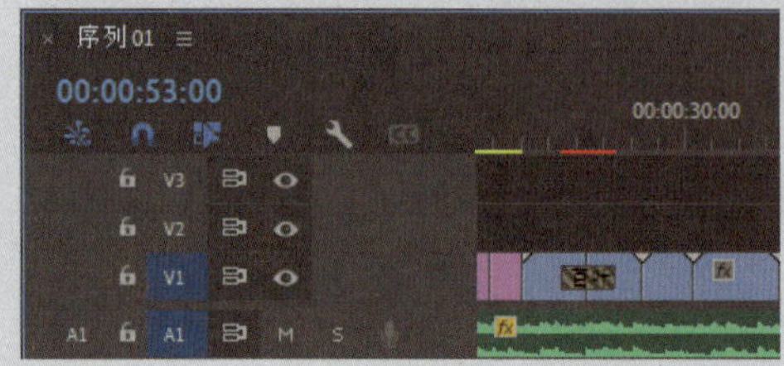

图 3-101

（12）选中"时间轴"面板中的"百叶窗"效果，在"效果控件"面板中将"持续时间"设置为"00：00：00：15"，如图 3-102 所示，"时间轴"面板如图 3-103 所示。

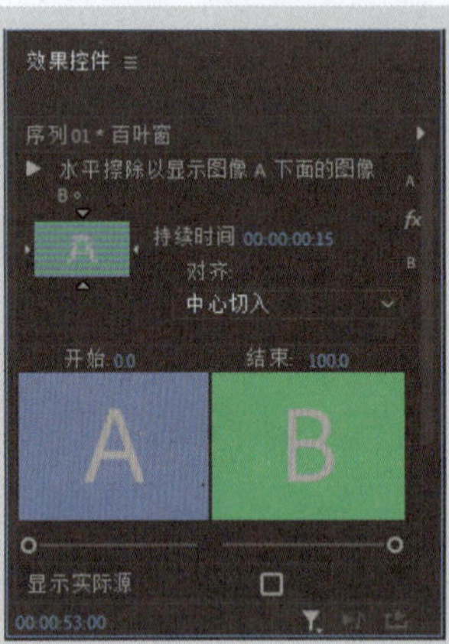

图 3-102

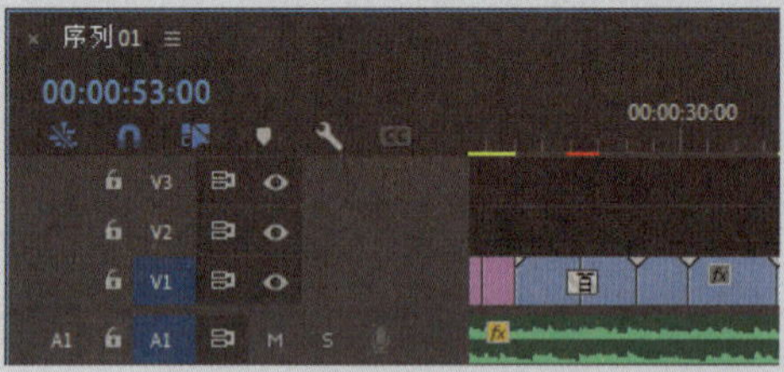

图 3-103

（13）在"效果"面板中，选中"白场过渡"效果，如图 3-104 所示。将"白场过渡"效果拖曳到"时间轴"面板中"V1"轨道上"20"文件和"21"文件之间，如图 3-105 所示。选中"时间轴"面板中的"白场过渡"效果，在"效果控件"面板中将"持续时间"设置为"00：00：00：15"，如图 3-106 所示。

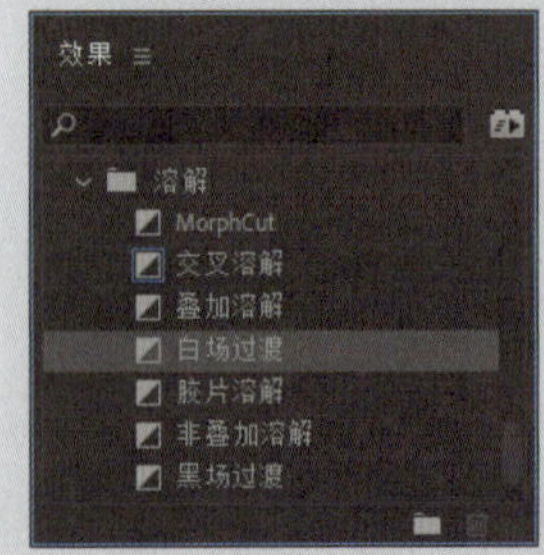

图 3-104

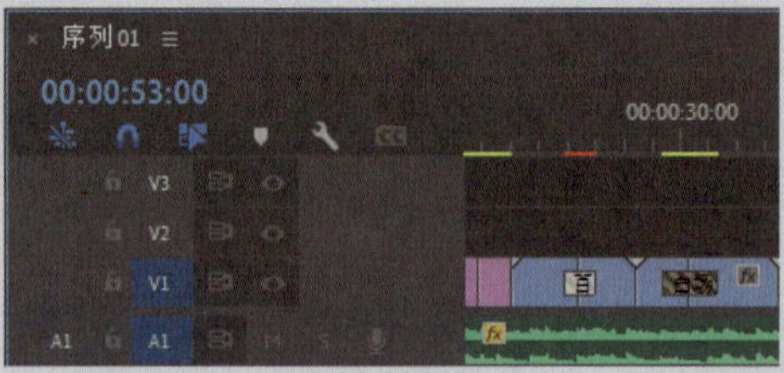

图 3-105

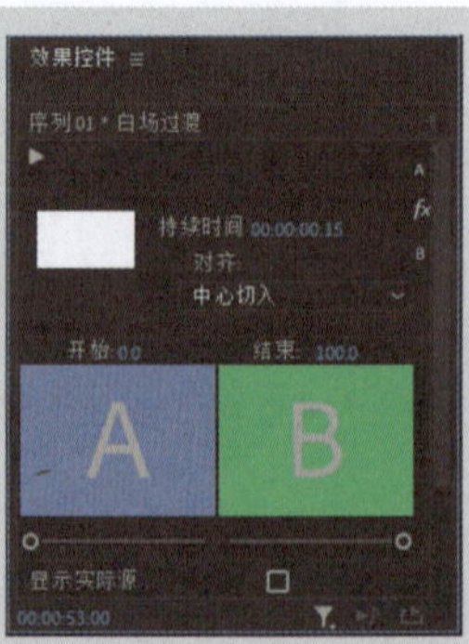

图 3-106

（14）将"效果"面板中的"白场过渡"效果拖曳到"时间轴"面板中"V1"轨道上"21"文件和"22"文件之间，如图3-107所示。选中"时间轴"面板中的"白场过渡"效果，在"效果控件"面板中将"持续时间"设置为"00:00:00:15"，如图3-108所示。

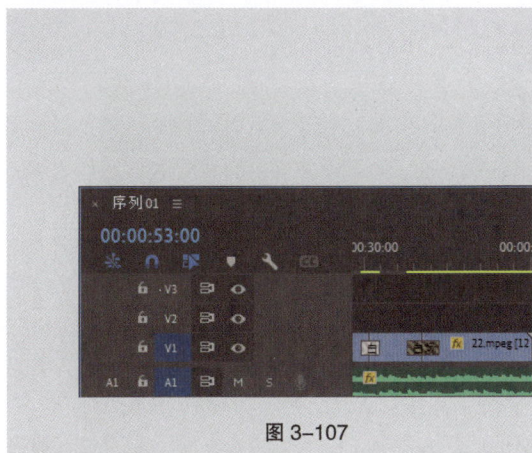

图3-107

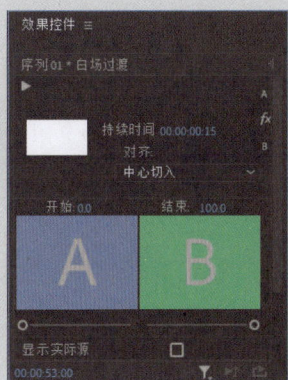

图3-108

（15）在"效果"面板中，单击"划像"文件夹左侧的展开按钮将其展开，选中"圆划像"效果，如图3-109所示。将"圆划像"效果拖曳到"时间轴"面板中"V1"轨道上"22"文件和"23"文件之间，如图3-110所示。

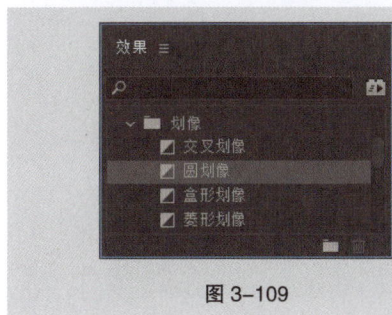

图3-109

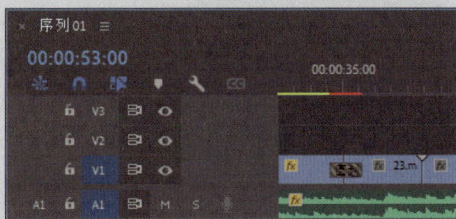

图3-110

（16）选中"时间轴"面板中的"圆划像"效果，在"效果控件"面板中将"持续时间"设为"00:00:00:15"，如图3-111所示，"时间轴"面板如图3-112所示。

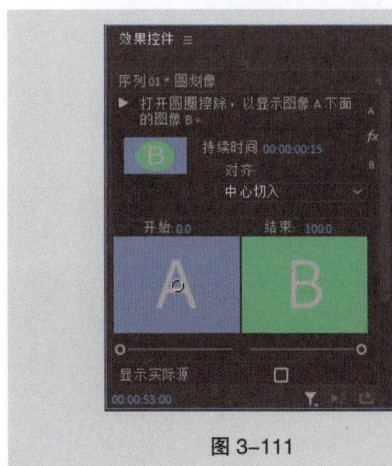

图3-111

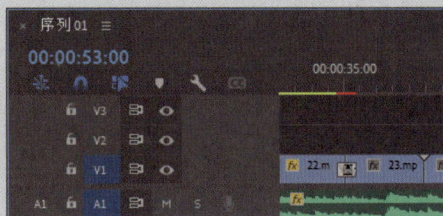

图3-112

2．添加并调整音频过渡效果

在"效果"面板中展开"音频过渡"列表，单击"交叉淡化"文件夹左侧的展开按钮▶将其展开，选中"指数淡化"效果，如图3-113所示。将"指数淡化"效果拖曳到"时间轴"面板中"A1"轨道上"31"文件的结束位置，如图3-114所示。

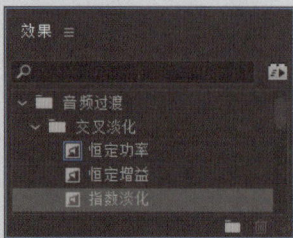 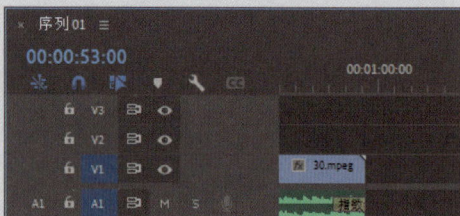

图3-113　　　　　　　　　　　　　　　　图3-114

3．添加并调整音频效果

在"效果"面板中，展开"音频效果"列表，单击"滤波器和EQ"文件夹左侧的展开按钮▶将其展开，选中"低通"效果，如图3-115所示。将"低通"效果拖曳到"时间轴"面板中"A1"轨道的"31"文件上。在"效果控件"面板中，展开"低通"效果，将"切断"设置为"1373.5Hz"，如图3-116所示。

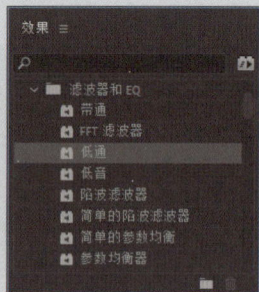 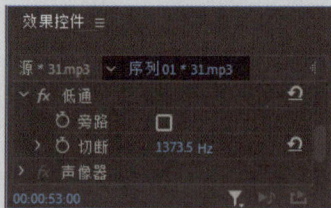

图3-115　　　　　　　　　　　　　　　　图3-116

3.2.5　调整素材的不透明度并制作动画

1．调整素材的不透明度

（1）在"时间轴"面板中选择"V1"轨道上的"02"文件，如图3-117所示。在"效果控件"面板中将"不透明度"设置为"85.0%"，如图3-118所示。

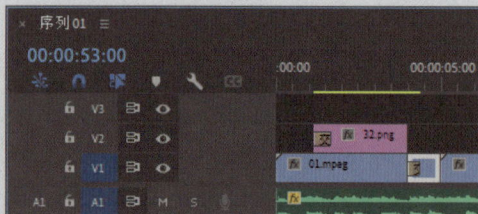 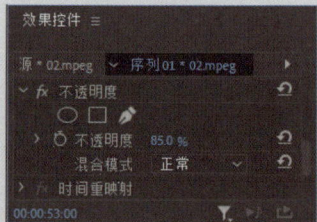

图3-117　　　　　　　　　　　　　　　　图3-118

（2）在"时间轴"面板中选择"V1"轨道上的"03"文件，如图 3-119 所示。在"效果控件"面板中将"不透明度"设置为"90.0％"，如图 3-120 所示。

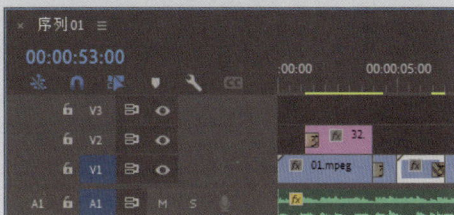
图 3-119

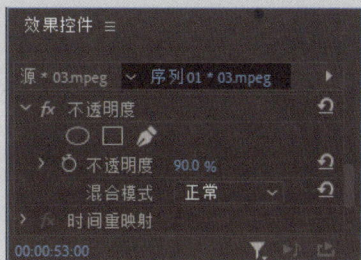
图 3-120

（3）在"时间轴"面板中选择"V2"轨道上的"11"文件，如图 3-121 所示。在"效果控件"面板中将"不透明度"设置为"60.0％"，如图 3-122 所示。

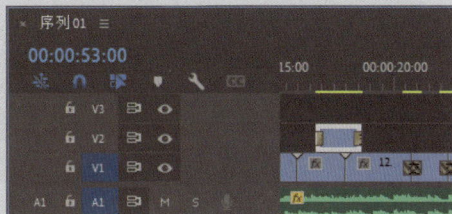
图 3-121

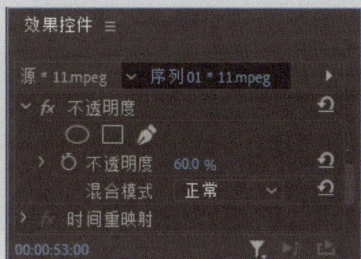
图 3-122

2. 制作素材的不透明度动画

（1）将时间标签放置在 00:00:07:13 的位置，在"时间轴"面板中选择"04"文件。在"效果控件"面板中单击"不透明度"左侧的"切换动画"按钮🔘，记录第 1 个动画关键帧，如图 3-123 所示。将时间标签放置在 00:00:07:18 的位置，将"不透明度"设置为"10.0％"，记录第 2 个动画关键帧，如图 3-124 所示。

图 3-123

图 3-124

（2）将时间标签放置在 00:00:08:01 的位置，将"不透明度"设置为"100.0％"，记录第 3 个动画关键帧，如图 3-125 所示。将时间标签放置在 00:00:08:08 的位置，单击"不透明度"右侧的"添加 / 移除关键帧"按钮⬦，记录第 4 个动画关键帧，如图 3-126 所示。

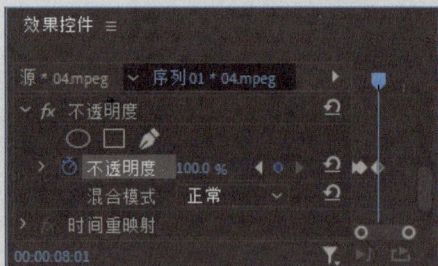

图 3-125

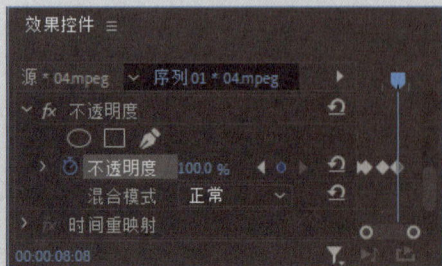

图 3-126

（3）将时间标签放置在 00:00:08:13 的位置，将"不透明度"设置为"60.0%"，记录第 5 个动画关键帧，如图 3-127 所示。将时间标签放置在 00:00:08:18 的位置，将"不透明度"设置为"100.0%"，记录第 6 个动画关键帧，如图 3-128 所示。

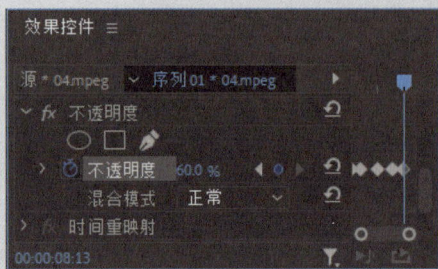

图 3-127

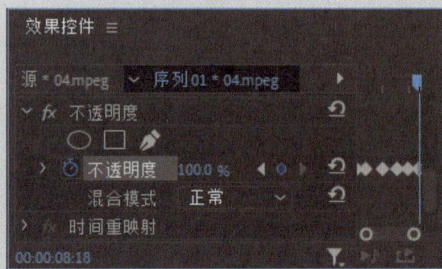

图 3-128

（4）将时间标签放置在 00:00:49:18 的位置，在"时间轴"面板中选择"29"文件。在"效果控件"面板中将"不透明度"设置为"0.0%"，单击"不透明度"左侧的"切换动画"按钮，记录第 1 个动画关键帧，如图 3-129 所示。将时间标签放置在 00:00:51:02 的位置，将"不透明度"设置为"100.0%"，记录第 2 个动画关键帧，如图 3-130 所示。

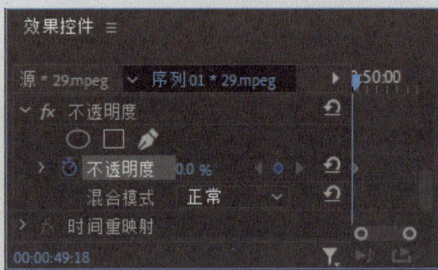

图 3-129

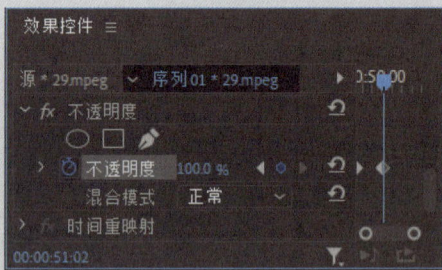

图 3-130

（5）将时间标签放置在 00:00:59:00 的位置，在"时间轴"面板中选择"30"文件。在"效果控件"面板中，单击"不透明度"左侧的"切换动画"按钮，记录第 1 个动画关键帧，如图 3-131 所示。将时间标签放置在 00:00:59:16 的位置，将"不透明度"设置为"0.0%"，记录第 2 个动画关键帧，如图 3-132 所示。

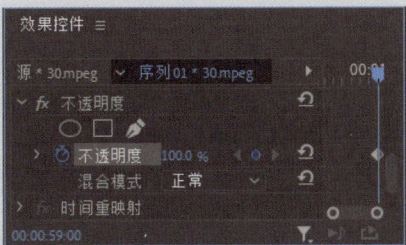

图 3-131

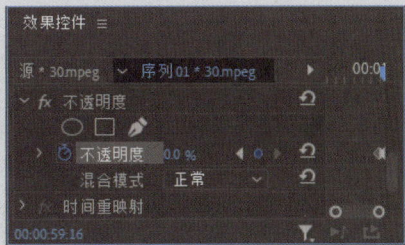

图 3-132

3.2.6 制作位置动画并调整缩放

（1）将时间标签放置在 00:00:00:00 的位置，在"时间轴"面板中选择"V1"轨道上的"01"文件。在"效果控件"面板中展开"运动"效果，单击"缩放"左侧的"切换动画"按钮 ⏱，记录第 1 个动画关键帧，如图 3-133 所示。将时间标签放置在 00:00:03:24 的位置，在"效果控件"面板中将"缩放"设置为"105.0"，记录第 2 个动画关键帧，如图 3-134 所示。

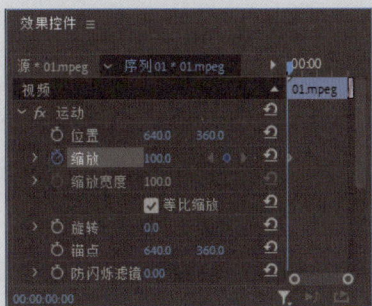

图 3-133

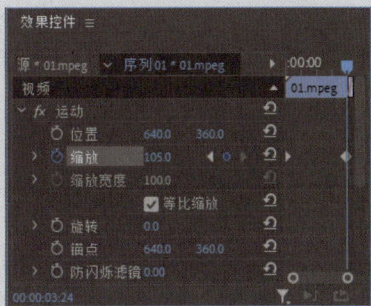

图 3-134

（2）将时间标签放置在 00:00:01:04 的位置，在"时间轴"面板中选择"V2"轨道上的"32"文件。在"效果控件"面板中展开"运动"效果，将"位置"设置为"332.0"和"360.0"，单击"缩放"左侧的"切换动画"按钮 ⏱，记录第 1 个动画关键帧，如图 3-135 所示。将时间标签放置在 00:00:03:23 的位置，在"效果控件"面板中将"缩放"设置为"105.0"，记录第 2 个动画关键帧，如图 3-136 所示。

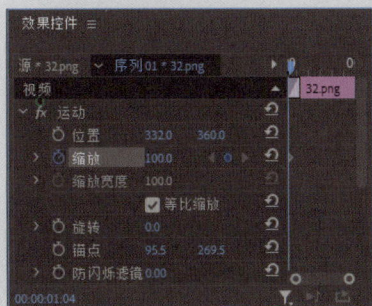

图 3-135

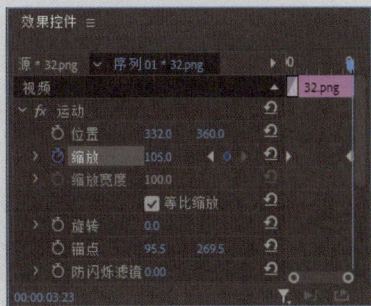

图 3-136

（3）将时间标签放置在00:00:25:23的位置，在"时间轴"面板中选择"V1"轨道上的"16"文件。在"效果控件"面板中展开"运动"效果，将"缩放"设置为"70.0"，如图3-137所示。

（4）将时间标签放置在00:00:26:12的位置，在"时间轴"面板中选择"V1"轨道上的"17"文件。在"效果控件"面板中展开"运动"效果，将"缩放"设置为"70.0"，如图3-138所示。

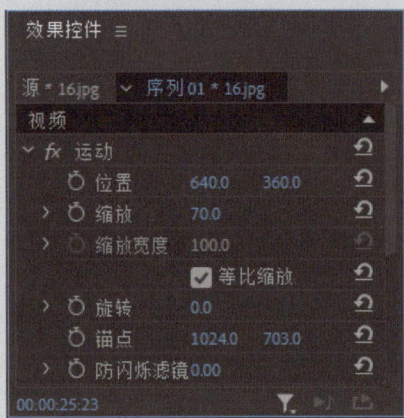

图 3-137

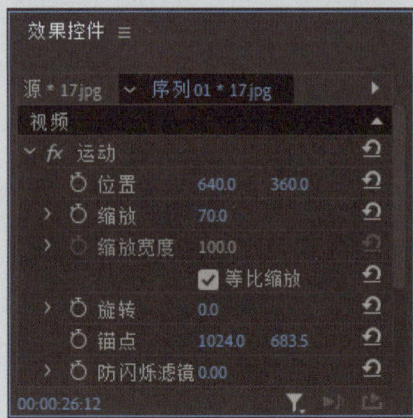

图 3-138

3.2.7 导出视频文件

选择"文件 > 导出 > 媒体"命令，弹出"导出设置"对话框，具体的设置如图3-139所示。单击"导出"按钮，导出视频文件。

图 3-139

3.3 课后任务

1. 任务

拍摄与制作一条"生活小窍门"短视频。

2. 任务要求

短视频时长：2分钟。

素材要求：使用不少于20条素材。

拍摄要求：通过手动对焦完成素材的拍摄，注意控制景深。

制作要求：根据生活小窍门的实际应用情况完成短视频的制作。

第 4 章

旅行 Vlog

▶ **本章介绍**

本章将详细讲解旅行 Vlog 的拍摄方法和制作技巧。通过对本章的学习，读者能够熟练应用手机拍摄短视频，并能拍摄前期转场视频，为后期的视频处理打下坚实的基础。

知识目标

- 掌握使用手机拍摄短视频的方法。
- 了解常用的 Vlog 转场方式。
- 熟练掌握旅行 Vlog 的制作方法。

慕课视频

第 4 章 旅行 Vlog

技能目标

- 能够运用所学知识拍摄旅行 Vlog。
- 掌握"西安印象"短视频的制作方法。

素质目标

- 培养有效执行计划的能力。
- 培养获取和评估信息的能力。
- 培养不断实践和探索专业知识的能力。

4.1 拍摄期

　　旅行 Vlog 可以使用手机进行拍摄。本节将重点讲解使用手机拍摄短视频时的注意事项和技巧，为短视频的后期处理提供帮助。

4.1.1 使用手机拍摄短视频

　　随着移动端的普及和网络的提速，人们使用手机拍摄短视频的现象越来越普遍。用手机拍摄短视频很简单，无论是 iOS 系统还是 Android 系统，只需打开手机中的相机，然后切换到拍摄模式，单击录制按钮即可进行拍摄。下面具体介绍使用手机拍摄旅行 Vlog 的方法和技巧。

1. 选择手机拍摄的短视频画幅——横幅或竖幅

　　在使用手机拍摄旅行 Vlog 时，若后期要在计算机显示器上播放，则需要选择横幅，如图 4-1 所示。若要在移动端上播放，则需要选择竖幅。在拍摄一系列连续的素材时，要保持画幅一致，不能中途改变。

图 4-1

2. 启用网格参考线

　　使用手机拍摄时，利用相机的网格参考线可以更容易构图，拍摄出更符合审美要求的旅行 Vlog。在 iOS 中启用网格参考线的方式如图 4-2 所示。在 Android 系统中启用网格参考线的方式如图 4-3 所示。

图 4-2

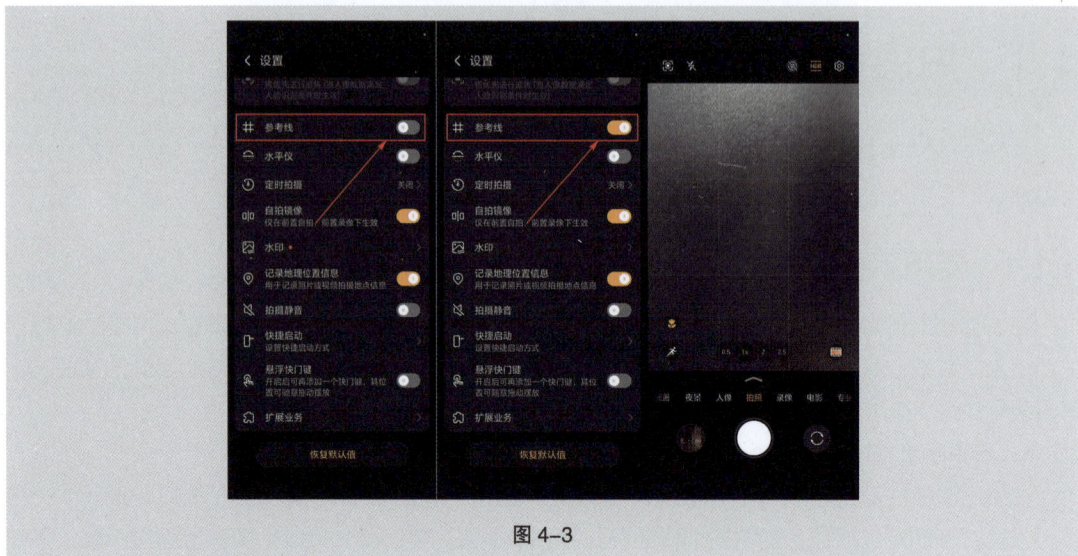

图 4-3

3. 使用高帧率拍摄

无论是 iOS 系统还是 Android 系统，默认的视频分辨率都是 1920 像素 ×1080 像素。视频的帧速率默认是 30 帧 / 秒（手机中显示为 fps）或 25 帧 / 秒。若后期制作短视频时需要添加较多的效果且需要保证画质无损，建议在前期拍摄时将视频的帧速率调整为 50 帧 / 秒或 60 帧 / 秒。在 iOS 中调整帧速率的方式如图 4-4 所示。在 Android 系统中调整帧速率的方式如图 4-5 所示。

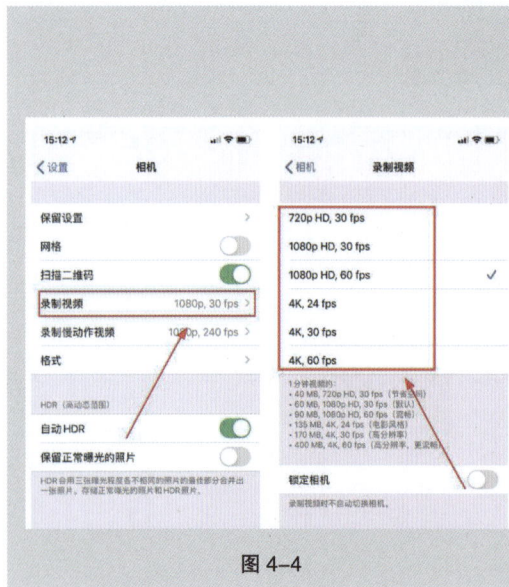

图 4-4

图 4-5

4. 保持画面稳定

视频具有连续性，所以在拍摄时要尽可能保持画面稳定，为后期处理留余地。手机较小、较轻，在拍摄时不易保持稳定，需要使用手机稳定器或三脚架等配件进行辅助拍摄，也可以将手肘靠在身体上，形成一个"三脚架"，以达到一定的稳定效果。

4.1.2 短视频视听语言——使用运动镜头拍摄

在拍摄短视频时，无论是使用手机还是使用其他摄像设备，使用运动镜头拍摄都是最有代表性的拍摄方法。同时，运动镜头是最能体现短视频特点的视听语言之一，可以让短视频更具动感和节奏感。

1. 运动镜头的拍摄

运动镜头的拍摄是指通过摄像设备机位的变化，让画面产生动感效果。运动镜头改变了观者视点固定的状态，在画面的景别、角度、透视空间和构图等方面更加具有灵活性和多变性，拓展了画面的表现空间。

一个完整的运动镜头包括起幅、运动和落幅 3 个部分。在起幅到落幅的过程中，观者可以产生身临其境之感，如图 4-6 所示。

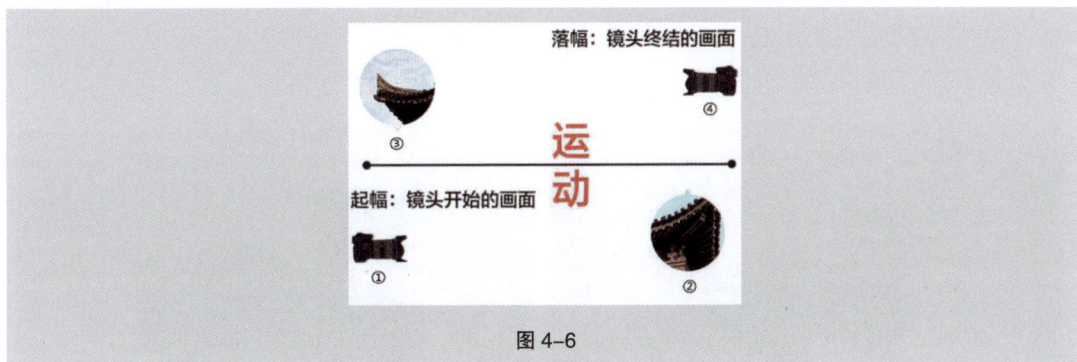

图 4-6

镜头运动包括推、拉、摇、移、跟和升降等基本形式，这些基本形式形成推镜头拍摄、拉镜头拍摄、摇镜头拍摄、移镜头拍摄、跟镜头拍摄、升降镜头拍摄和综合运动镜头拍摄等，推、拉、移、摇 4 种基本形式的示意如图 4-7 所示。

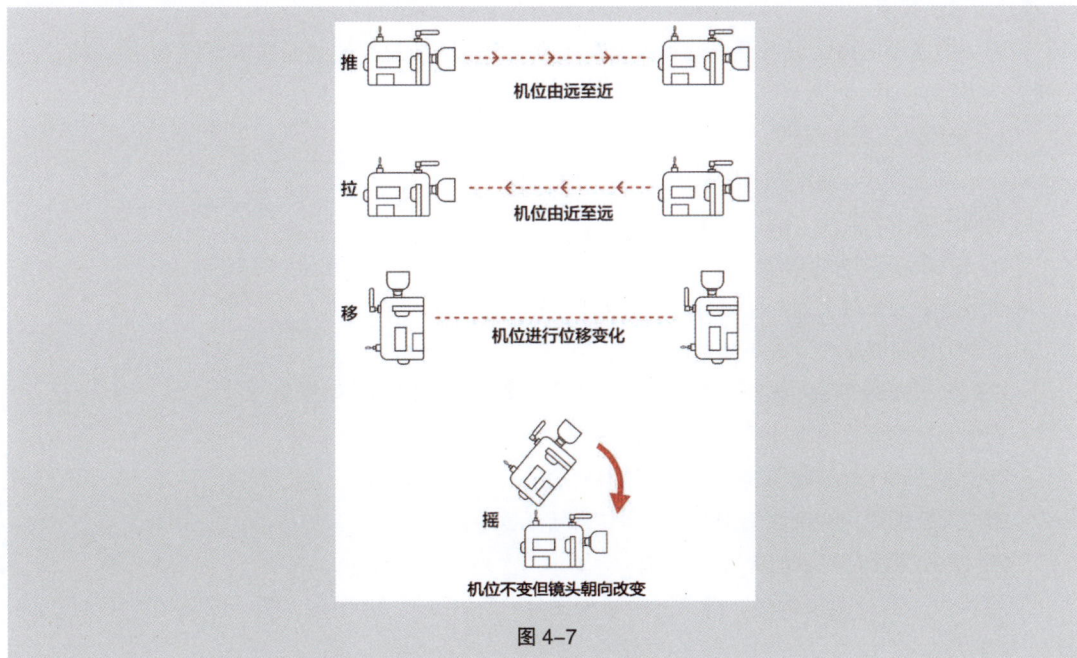

图 4-7

2. 推镜头拍摄

推镜头拍摄是指摄像设备向被摄主体方向推进，或者改变镜头焦距使画面框架不断接近被摄主体的拍摄方法。

（1）推镜头的画面特征

- 具有明确的被摄主体。
- 形成由远至近、不断推进的视觉前移效果。
- 被摄主体由小变大，周围环境由大变小。

（2）推镜头的作用和表现力

- 突出被摄主体、重点形象、细节，以及重要的情节要素，以表达特定的含义。
- 表现整体与局部、环境与被摄主体的关系。
- 推进速度的快慢可以影响和调整画面的表现节奏。

（3）使用推镜头进行拍摄

使用推镜头拍摄视频素材。镜头的起幅如图 4-8 所示，镜头的落幅如图 4-9 所示。

图 4-8　　　　　　　　　　　　　　　　　图 4-9

3. 拉镜头拍摄

拉镜头拍摄是指摄像设备逐渐远离被摄主体，或改变镜头焦距使画面框架与被摄主体逐渐拉开距离的拍摄方法。

（1）拉镜头的画面特征

- 形成由近至远、逐渐拉开距离的视觉后移效果。
- 被摄主体由大变小，周围环境由小变大。

（2）拉镜头的作用和表现力

- 有利于表现被摄主体与所处环境的关系。
- 取景范围能够从小到大不断扩展。
- 以被摄主体的局部为起幅，有利于引导观者想象被摄主体的整体形象。
- 景别的持续变化可以让画面更连贯。
- 与推镜头相比，拉镜头能增强观者的好奇心。
- 常作为结束性和结论性的镜头，也可作为转场镜头。

（3）使用拉镜头进行拍摄

使用拉镜头拍摄视频素材。镜头的起幅如图 4-10 和图 4-12 所示，镜头的落幅如图 4-11 和图 4-13 所示。

图 4-10

图 4-11

图 4-12

图 4-13

4．摇镜头拍摄

摇镜头拍摄是指摄像设备保持在固定位置，借助三脚架的云台或拍摄者的身体，有规律地改变镜头朝向的拍摄方法。

（1）摇镜头的画面特征

模拟人们转动头部观察或将视线由一点连续转换到另一点的视觉效果。

（2）摇镜头的作用和表现力

- 展示空间，拓宽视野。

- 在有限的画面框架里传达更多的视觉信息。

- 展现同一场景中两个被摄主体的内在联系，把两个被摄主体连接起来，进行暗喻、对比等。

- 在镜头摇过 3 个或 3 个以上被摄主体的过程中减速、停顿，所得到的内容可作为转场视频。

- 在一个稳定的起幅后利用极快的摇动作使画面中的形象全部虚化，以形成具有特殊表现力的转场效果。

- 便于表现被摄主体的运动方向。

- 通过将被摄主体摇出画面，制造悬念和转移观者的视觉注意力。

- 倾斜摇镜头、旋转摇镜头等可用于表现特殊效果。

（3）使用摇镜头进行拍摄的注意事项

- 必须注意机位和角度。摄像设备一般与人同高，被摄主体不宜太高，否则容易出画。

- 在大范围场景中使用摇镜头进行拍摄时，要考虑被摄主体的正面面对镜头，同时还要保持运动过程中画面的稳定。

- 要把握好摇速，以能够看清画面内容为标准。在画面中直立物体较多的情况下，水平摇镜头时应注意速度不能过快，否则会出现频闪问题。

- 利用三脚架进行水平摇镜头拍摄时，要注意云台可转动部分的松紧程度。利用身体转动时，要预先计划好身体转动的轨迹，转动到落幅处时要保持摄像设备的稳定。

- 在起幅和落幅处要注意画面构图，运动过程中画面构图可以不完整。

（4）使用摇镜头进行拍摄

使用上摇镜头拍摄视频素材。镜头的起幅如图 4-14 所示，接下来为上摇过程，镜头的落幅如图 4-15 所示。

图 4-14

图 4-15

使用下摇镜头拍摄视频素材。镜头的起幅如图 4-16 所示，接下来为下摇过程，镜头的落幅如图 4-17 所示。

图 4-16

图 4-17

使用右摇镜头拍摄视频素材。镜头的起幅如图 4-18 所示，接下来为右摇过程，镜头的落幅如图 4-19 所示。

图 4-18

图 4-19

使用左摇镜头拍摄视频素材。镜头的起幅如图 4-20 所示，接下来为左摇过程，镜头的落幅如图 4-21 所示。

图 4-20　　　　　　　　　　　　　　　　图 4-21

使用旋转摇镜头拍摄视频素材。镜头的起幅如图 4-22 所示，接下来为旋转摇过程，镜头的落幅如图 4-23 所示。

图 4-22　　　　　　　　　　　　　　　　图 4-23

使用上摇接上摇镜头拍摄视频素材。镜头的起幅如图 4-24 所示，接下来为上摇接上摇的过程，镜头的落幅如图 4-25 所示。

图 4-24　　　　　　　　　　　　　　　　图 4-25

5. 移镜头拍摄

移镜头拍摄是指在拍摄过程中摄像设备的位置发生变化，边移动摄像设备边拍摄的拍摄方法。移镜头可以分为横移、纵移、垂直移和同步移 4 种。

（1）移镜头的画面特征

● 画面始终处于运动状态，画面内的物体位置不断变化。

● 画面空间完整而连贯，节奏感强，观者的视线每时每刻都在改变。

（2）移镜头的作用和表现力

- 开拓了画面的造型空间，创造出了独特的运动视觉艺术效果。
- 在表现大场面、大纵深、多景物、多层次的复杂场景时具有一定的优势。
- 能有效地表现空间和灵活地进行场面调度。
- 可以表现某种主观倾向，画面自然生动，具有真实感，给人现场感。
- 与固定镜头拍摄不同，移镜头拍摄可以形成很多视点，表现出各种运动条件下的视觉效果。

（3）使用移镜头进行拍摄的注意事项

- 横移镜头一般不宜用于拍摄离被摄主体较远的事物，而主要用于拍摄离被摄主体较近的事物。
- 保证摄像设备平稳、匀速地运动是获得理想画面的前提。
- 主要用于表现人与物、人与人、物与物之间的空间关系，或者用于对事物进行逐一连接、展示。

（4）使用移镜头进行拍摄

使用前移镜头拍摄视频素材。镜头的起幅如图 4-26 所示，接下来为前移过程，镜头的落幅如图 4-27 所示。

图 4-26

图 4-27

使用移动镜头拍摄视频素材。镜头的起幅如图 4-28 所示，接下来为移动过程，镜头的落幅如图 4-29 所示。

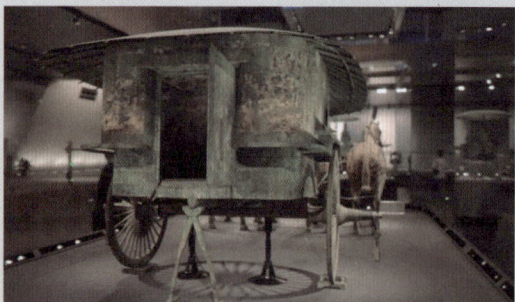

图 4-28

图 4-29

使用微右移镜头拍摄视频素材。镜头的起幅如图 4-30 所示，接下来为微右移过程，镜头的落幅如图 4-31 所示。

使用左移镜头拍摄视频素材。镜头的起幅如图 4-32 所示，接下来为左移过程，镜头的落幅如图 4-33 所示。

图 4-30

图 4-31

图 4-32

图 4-33

6．跟镜头拍摄

跟镜头拍摄是指摄像设备始终跟随运动中的被摄主体，使同一被摄主体一直显示在画面中的拍摄方法。

（1）跟镜头的画面特征

* 画面始终展示一个运动中的被摄主体。
* 被摄主体在画面中的位置相对固定。

（2）跟镜头的作用和表现力

* 能够连续而详尽地表现运动中的被摄主体，既能突出被摄主体，又能交代被摄主体的运动方向、运动速度、体态及其与环境的关系，形成被摄主体不变、背景变化的运动效果，用被摄主体引出环境。
* 从被摄主体背后拍摄的跟镜头，由于观者与被摄主体的视点一致，可以表现出一种具有主观性的画面效果。
* 对人物、事件、场面进行跟随记录的方式，在纪实性节目和新闻的拍摄中有着重要的纪实性作用。

（3）使用跟镜头进行拍摄的注意事项

* 不论被摄主体的运动速度多么快、移动路径多么复杂多变，都要力求将被摄主体固定在画面中的某个位置上。
* 摄像设备的运动速度要与被摄主体的运动速度大致相同。
* 拍摄过程中尽量保证画面中的被摄主体在画面中所占比例的变化不大。

（4）使用跟镜头进行拍摄

使用跟镜头拍摄视频素材。镜头的起幅如图 4-34 所示，接下来为跟拍过程，镜头的落幅如

图 4-35 所示。

图 4-34

图 4-35

继续运用跟镜头拍摄视频素材。镜头的起幅如图 4-36 所示，接下来为跟拍过程，镜头的落幅如图 4-37 所示。

图 4-36

图 4-37

7. 升降镜头拍摄

升降镜头拍摄是指摄像设备借助升降装置一边升降一边拍摄的拍摄方法。升降装置可以是升降车、摇臂、稳定器或其他辅助拍摄设备。在没有升降装置的时候，拍摄者也可以通过身体的蹲、站等进行小幅度的升降拍摄。按升降方式的不同，升降镜头可以分为垂直升降镜头、斜向升降镜头以及不规则升降镜头。

（1）升降镜头的画面特征

- 画面视域产生更替和扩展的效果。
- 画面中视点的连续变化，有利于表现宽广的空间环境。

（2）升降镜头的作用和表现力

- 可完整展现高大的物体。
- 可以展示场景的规模、气势和氛围。
- 可以实现一个镜头内的内容转换与调度。
- 可以表现画面中被摄主体的情感状态变化。

（3）使用升降镜头进行拍摄

使用升降镜头拍摄视频素材。镜头的起幅如图 4-38 所示，接下来为升过程，镜头的落幅如图 4-39 所示。

图 4-38

图 4-39

8. 综合运动镜头拍摄

综合运动镜头拍摄是指在一个镜头中把推、拉、摇、移、跟、升降等镜头运动方式以不同程度有机结合起来的拍摄方法。

（1）综合运动镜头的画面特征

- 具有更为复杂多变的画面效果。
- 画面的运动轨迹是多方向、多方式运动合一后的结果。

（2）综合运动镜头的作用和表现力

- 可在一个镜头中记录和表现一个场景中的一段相对完整的情节。
- 是形成画面多变效果的有力手段。
- 可展现现实生活的流程。
- 可通过画面结构表达出具有运动性的综合效果。
- 可以与音乐的旋律变化相互配合，使画面富有节奏感。

（3）使用综合运动镜头进行拍摄

使用拉镜头和摇镜头拍摄视频素材。镜头的起幅如图 4-40 所示，接下来为综合运动过程，镜头的落幅如图 4-41 所示。

图 4-40

图 4-41

使用下摇镜头和左摇镜头拍摄视频素材。镜头的起幅如图 4-42 所示，接下来为综合运动过程，镜头的落幅如图 4-43 所示。

使用左摇镜头和摇镜头拍摄视频素材。镜头的起幅如图 4-44 所示，接下来为综合运动过程，镜头的落幅如图 4-45 所示。

图 4-42

图 4-43

图 4-44

图 4-45

使用移镜头和右摇镜头拍摄视频素材。镜头的起幅如图 4-46 所示，接下来为综合运动过程，镜头的落幅如图 4-47 所示。

图 4-46

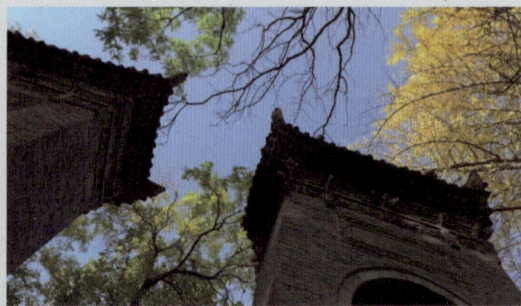

图 4-47

4.1.3　常用的 Vlog 转场方式

　　转场是场景与场景之间、镜头与镜头之间的过渡或转换。在前期拍摄时，可以对起幅和落幅的运动方式进行设计，从而拍摄转场视频。这样就可以在后期制作时利用前期拍摄的转场视频进行转场，而不用加入相对生硬的转场效果。常用的 Vlog 转场方式包括遮挡转场、控制焦点转场、摇镜转场、相似环境画面转场等。

1. 遮挡转场

遮挡转场是指利用遮挡物对镜头进行遮挡，进而进行转场。

使用遮挡物和右摇镜头拍摄视频素材。镜头的起幅如图 4-48 所示，接下来为拿开遮挡物后右摇的过程，镜头的落幅如图 4-49 所示。

图 4-48

图 4-49

2. 控制焦点转场

使用焦点变换转场拍摄视频素材。镜头的起幅如图 4-50 所示，接下来为焦点变换到不同物体上的过程，镜头的落幅如图 4-51 所示。

图 4-50

图 4-51

使用虚焦转场拍摄视频素材。镜头的起幅如图 4-52 所示，接下来为焦点变实的过程，镜头的落幅如图 4-53 所示。

图 4-52

图 4-53

使用虚焦运动转场拍摄视频素材。镜头的起幅如图 4-54 所示，接下来为镜头运动且焦点变实的过程，镜头的落幅如图 4-55 所示。

图 4-54　　　　　　　　　　　　　　　　图 4-55

3. 摇镜转场

摇镜转场是指摄像设备的位置不变，使用摇动镜头的方式来调整拍摄角度，进而实现被摄主体的切换或者观者的视野变化。

使用左摇转场拍摄视频素材。上一个镜头的落幅如图 4-56 所示，接下来为左摇转场过程，下一个镜头的起幅如图 4-57 所示。

图 4-56　　　　　　　　　　　　　　　　图 4-57

使用向右下方摇动转场拍摄视频素材。镜头的起幅如图 4-58 所示，接下来为向右下方摇动的过程，镜头的落幅如图 4-59 所示。

图 4-58　　　　　　　　　　　　　　　　图 4-59

使用右摇转场拍摄视频素材。上一个镜头的落幅如图 4-60 所示，接下来为右摇转场过程，下一个镜头的起幅如图 4-61 所示。

图 4-60

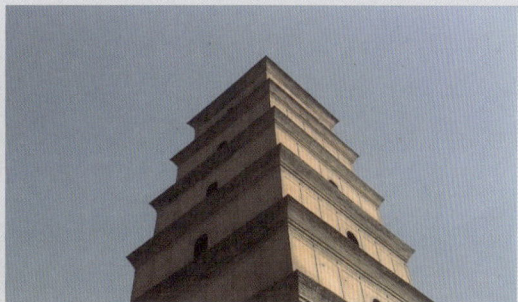

图 4-61

4. 相似环境画面转场

相似环境画面转场是指镜头的运动方向大体一致，利用相似的环境画面实现转场。

使用推、拉镜头拍摄视频素材。镜头的起幅如图 4-62 所示，接下来通过拉镜头控制虚实焦点变化实现转场，镜头的落幅如图 4-63 所示。

图 4-62

图 4-63

找到相关联的环境内容，拍摄视频。第一个画面为中式建筑物的框架式结构画面，如图 4-64 所示，下一个画面同样是中式建筑物的框架式结构画面，但环境场景进行了改变，两个画面形成转场，如图 4-65 所示。

图 4-64

图 4-65

4.2　制作期——制作"西安印象"短视频

使用"新建"和"导入"命令新建项目并导入视频素材，使用快捷键调整素材的速度 / 持续时间和倒放，使用"剃刀"工具切割视频素材，使用"波纹删除"命令删除文件，使用"选择"工具移动切割后的素材，使用"新建"命令添加调整图层快速调色，使用"效果"面板添加视频过渡效果和视频效果，使用"效果控件"面板编辑视频过渡效果，使用"导出"命令导出视频文件。最终效果参看"Ch04\ 西安印象 \ 西安印象 .prproj"，如图 4-66 所示。

慕课视频
4.2 制作期——
制作"西安印象"
短视频 1

慕课视频
4.2 制作期——
制作"西安印象"
短视频 2

慕课视频
4.2 制作期——
制作"西安印象"
短视频 3

图 4-66

4.2.1　新建项目并导入素材

（1）启动 Premiere Pro 2021，选择"文件 > 新建 > 项目"命令，弹出"新建项目"对话框，如图 4-67 所示，单击"确定"按钮，新建项目。选择"文件 > 新建 > 序列"命令，弹出"新建序列"对话框，选择"设置"选项卡，设置如图 4-68 所示，单击"确定"按钮，新建序列。

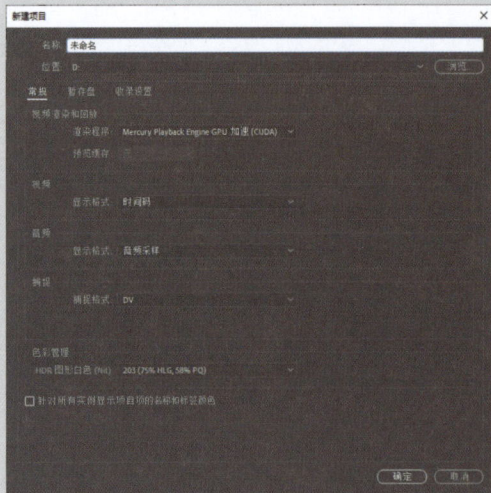

图 4-67

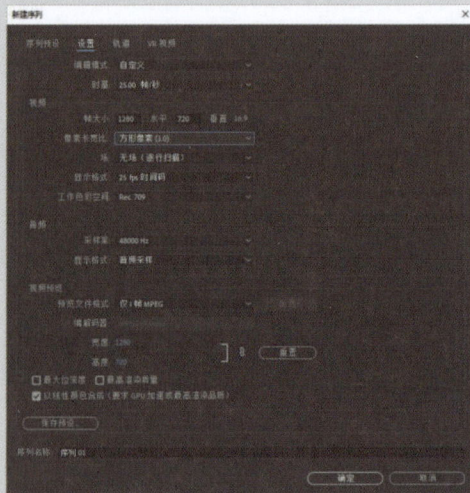

图 4-68

（2）选择"文件 > 导入"命令，弹出"导入"对话框，选择"Ch04\ 西安印象 \ 素材 \01 ～ 40"文件，如图 4-69 所示，单击"打开"按钮，将文件导入"项目"面板，如图 4-70 所示。

短视频制作实战 策划 拍摄 制作 运营（全彩慕课版）（第 3 版）（2021 版）

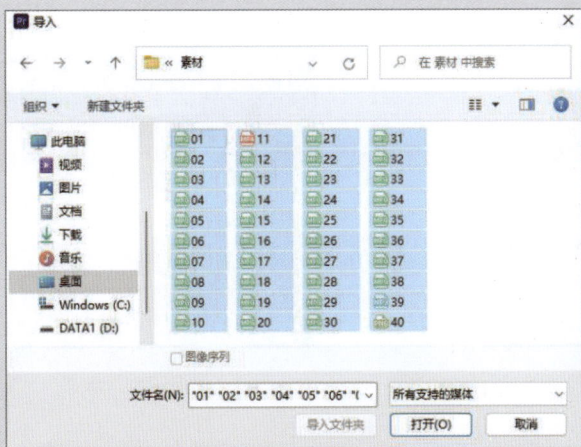

图 4-69

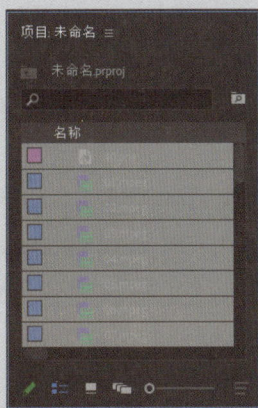

图 4-70

4.2.2 剪辑并调整视频素材

（1）将"项目"面板中的"01"文件拖曳到"时间轴"面板中的"V1"轨道上，如图 4-71 所示。在"时间轴"面板中单击"链接选择项"按钮 ，取消选取状态，如图 4-72 所示。

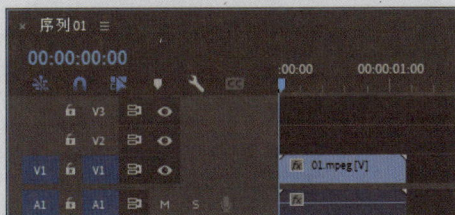

图 4-71

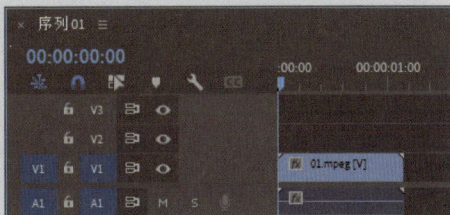

图 4-72

（2）在"时间轴"面板中选中"A1"轨道上的文件，如图 4-73 所示。按 Delete 键删除，如图 4-74 所示。

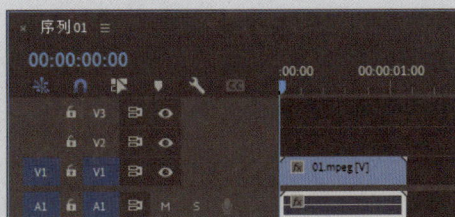

图 4-73

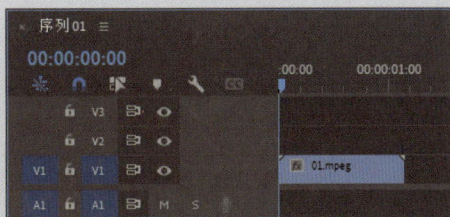

图 4-74

（3）单击音频轨道左侧的音频标签，如图 4-75 所示，激活音频内容，覆盖插入的音频。选择"时间轴"面板中的"01"文件，按 Ctrl+R 组合键，弹出"剪辑速度 / 持续时间"对话框，设置如图 4-76 所示，单击"确定"按钮。

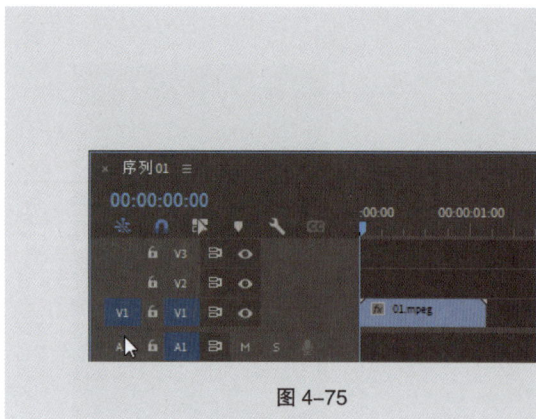

图 4-75

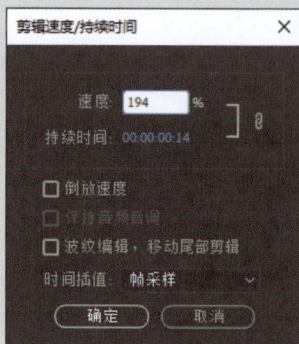

图 4-76

（4）将"项目"面板中的"02"文件拖曳到"时间轴"面板中的"V1"轨道上，如图 4-77 所示。选择"时间轴"面板中的"02"文件，按 Ctrl+R 组合键，弹出"剪辑速度 / 持续时间"对话框，设置如图 4-78 所示，单击"确定"按钮。

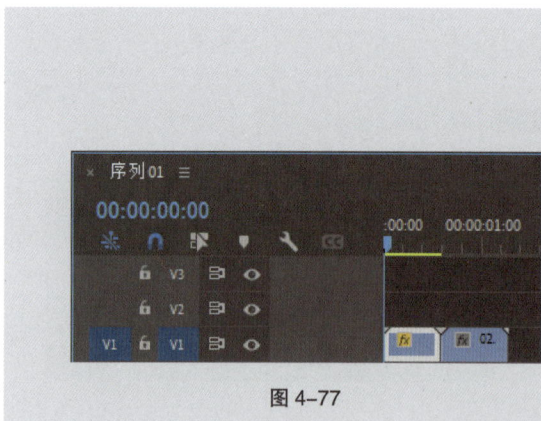

图 4-77

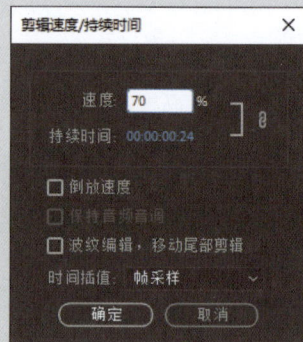

图 4-78

（5）将"项目"面板中的"03"文件拖曳到"时间轴"面板中的"V1"轨道上，如图 4-79 所示。将时间标签放置在 00:00:03:00 的位置，选择"剃刀"工具 ，在时间标签处单击以切割素材，如图 4-80 所示。

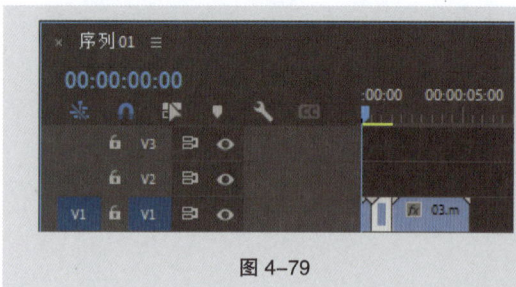

图 4-79

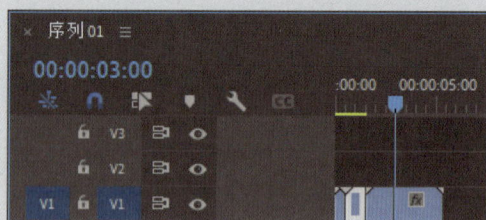

图 4-80

（6）选择"选择"工具 ，选择切割后左侧的素材，如图 4-81 所示。按 Ctrl+R 组合键，弹出"剪辑速度 / 持续时间"对话框，设置如图 4-82 所示，单击"确定"按钮。

（7）将时间标签放置在 00:00:03:06 的位置，如图 4-83 所示。选择"剃刀"工具 ，在时间标签处单击以切割素材，如图 4-84 所示。

短视频制作实战 策划 拍摄 制作 运营（全彩慕课版）（第 3 版）（2021 版）

图 4-81

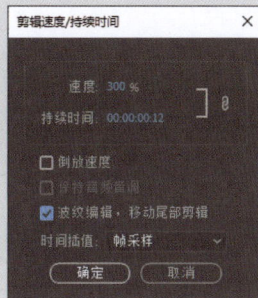

图 4-82

图 4-83

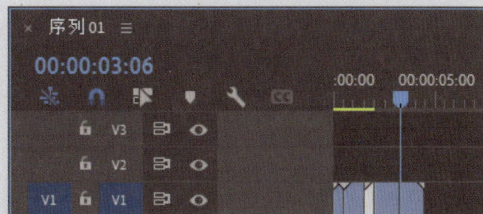

图 4-84

（8）选择"选择"工具▶，选择切割后右侧的素材，如图 4-85 所示。按 Delete 键删除，如图 4-86 所示。

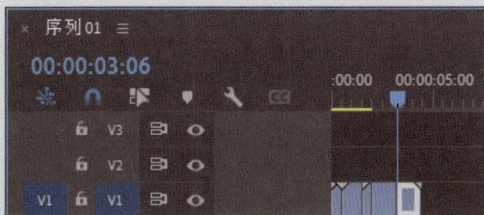

图 4-85

图 4-86

（9）选择切割后左侧的素材，如图 4-87 所示。按 Ctrl+R 组合键，弹出"剪辑速度 / 持续时间"对话框，设置如图 4-88 所示，单击"确定"按钮。

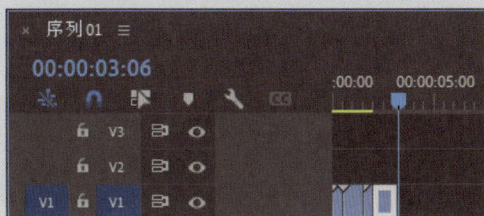

图 4-87

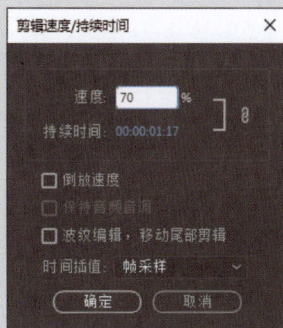

图 4-88

（10）使用相同的方法添加并编辑"04～07"文件，如图4-89所示。

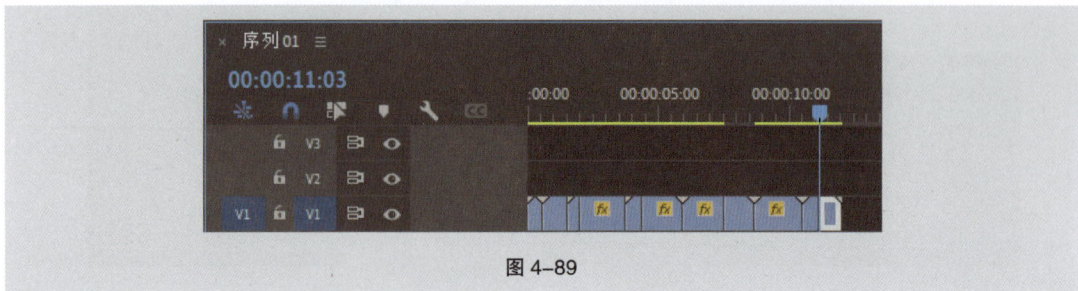

图4-89

（11）将"项目"面板中的"08"文件拖曳到"时间轴"面板中的"V1"轨道上，如图4-90所示。将时间标签放置在00:00:14:13的位置，将鼠标指针放在"08"文件的结束位置，当鼠标指针呈┥状时单击并向左拖曳到00:00:14:13的位置，如图4-91所示。

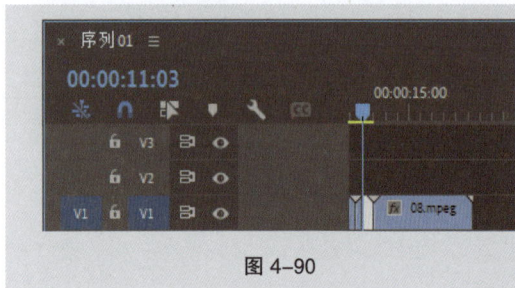

图4-90

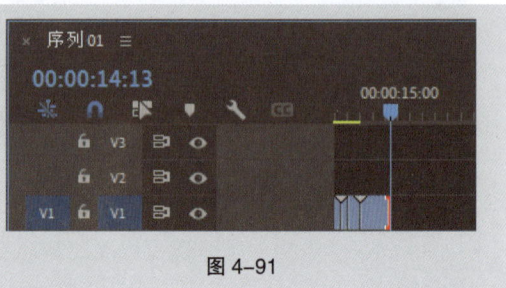

图4-91

（12）将"项目"面板中的"09"文件拖曳到"时间轴"面板中的"V1"轨道上，如图4-92所示。将时间标签放置在00:00:16:00的位置，将鼠标指针放在"09"文件的结束位置，当鼠标指针呈┥状时单击并向左拖曳到00:00:16:00的位置，如图4-93所示。

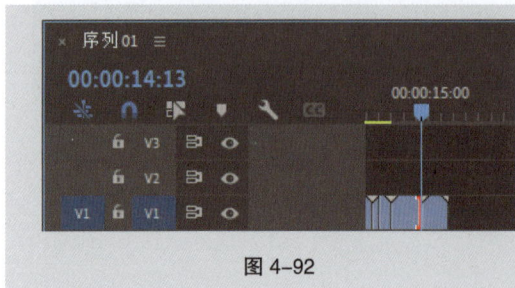

图4-92

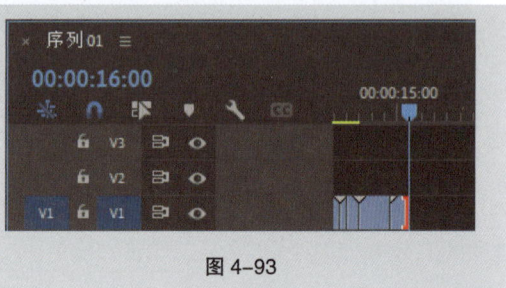

图4-93

（13）将"项目"面板中的"10"文件拖曳到"时间轴"面板中的"V1"轨道上，如图4-94所示。选择"时间轴"面板中的"10"文件，按Ctrl+R组合键，弹出"剪辑速度/持续时间"对话框，设置如图4-95所示，单击"确定"按钮。

（14）将"项目"面板中的"11"文件拖曳到"时间轴"面板中的"V1"轨道上，如图4-96所示。将时间标签放置在00:00:25:18的位置，选择"剃刀"工具✎，在时间标签处单击以切割素材，如图4-97所示。

（15）选择"选择"工具▶，选择切割后左侧的素材，如图4-98所示。选择"编辑>波纹删除"命令，删除文件，如图4-99所示。

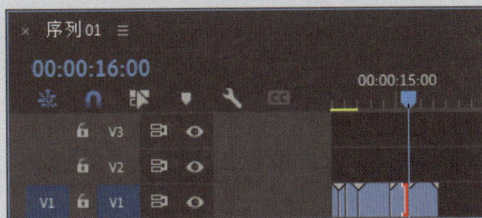

图 4-94

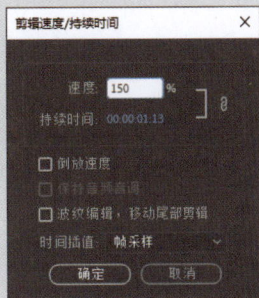

图 4-95

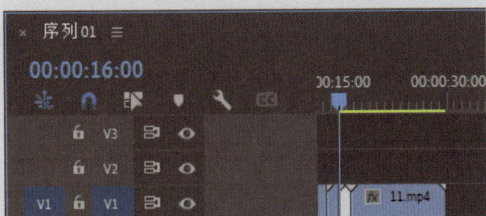

图 4-96

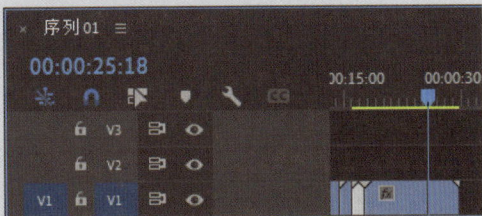

图 4-97

图 4-98

图 4-99

（16）选择"时间轴"面板中的"11"文件，按 Ctrl+R 组合键，弹出"剪辑速度 / 持续时间"对话框，设置如图 4-100 所示，单击"确定"按钮。将"项目"面板中的"12"文件拖曳到"时间轴"面板中的"V1"轨道上，如图 4-101 所示。

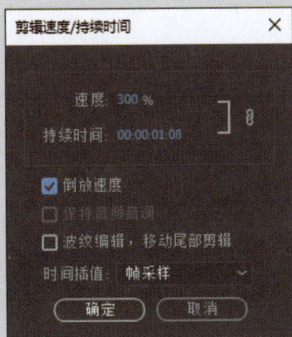

图 4-100

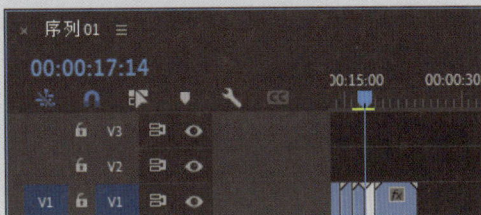

图 4-101

（17）将时间标签放置在 00:00:22:11 的位置，选择"剃刀"工具 🗡️，在时间标签处单击以切割素材，如图 4-102 所示。选择"选择"工具 ▶️，选择切割后左侧的素材，如图 4-103 所示。

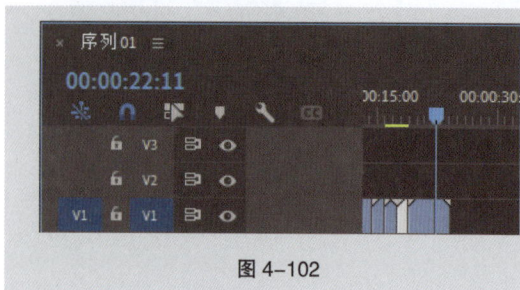
图 4-102

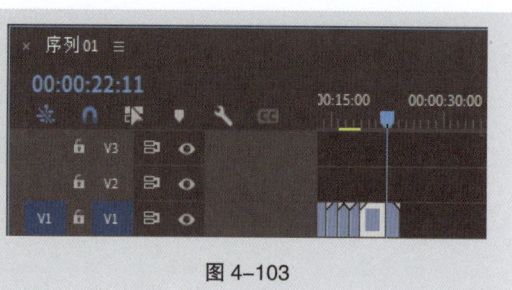
图 4-103

（18）按 Ctrl+R 组合键，弹出"剪辑速度 / 持续时间"对话框，设置如图 4-104 所示，单击"确定"按钮。将时间标签放置在 00:00:20:18 的位置，选择"剃刀"工具 🗡️，在时间标签处单击以切割素材，如图 4-105 所示。

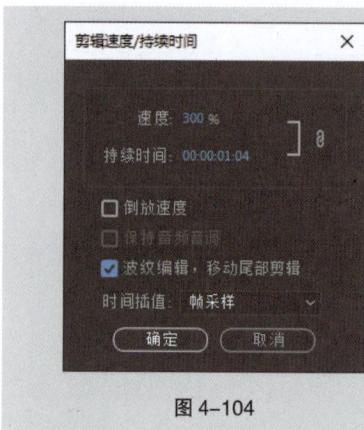
图 4-104

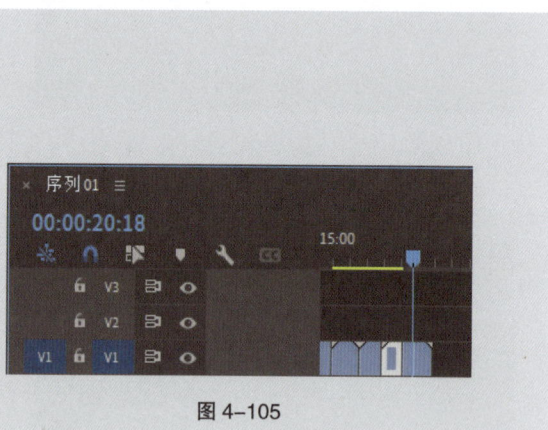
图 4-105

（19）选择"选择"工具 ▶️，选择切割后右侧的素材，如图 4-106 所示。按 Delete 键删除，如图 4-107 所示。

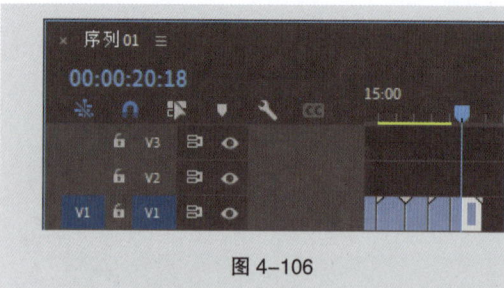
图 4-106

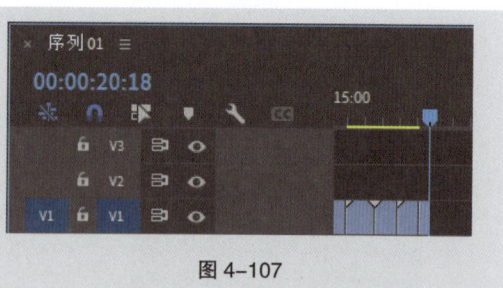
图 4-107

（20）选择切割后左侧的素材，如图 4-108 所示。按 Ctrl+R 组合键，弹出"剪辑速度 / 持续时间"对话框，设置如图 4-109 所示，单击"确定"按钮。

（21）将"项目"面板中的"13"文件拖曳到"时间轴"面板中的"V1"轨道上，如图 4-110 所示。选择"时间轴"面板中的"13"文件，按 Ctrl+R 组合键，弹出"剪辑速度 / 持续时间"对话框，设置如图 4-111 所示，单击"确定"按钮。

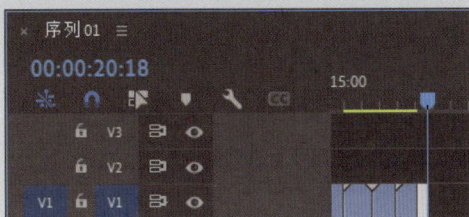

图 4-108

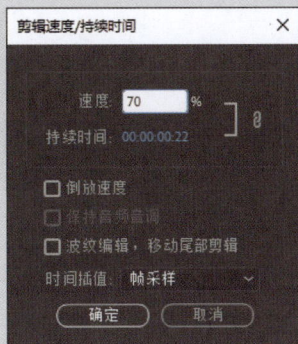

图 4-109

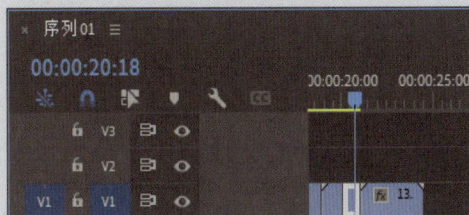

图 4-110

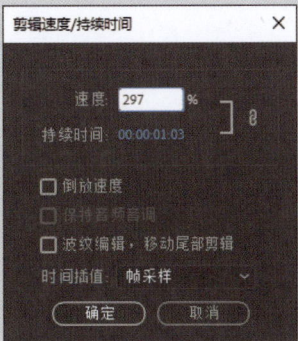

图 4-111

（22）将"项目"面板中的"14"文件拖曳到"时间轴"面板中的"V1"轨道上，如图 4-112 所示。选择"时间轴"面板中的"14"文件，按 Ctrl+R 组合键，弹出"剪辑速度 / 持续时间"对话框，设置如图 4-113 所示，单击"确定"按钮。

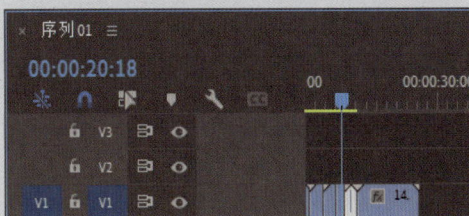

图 4-112

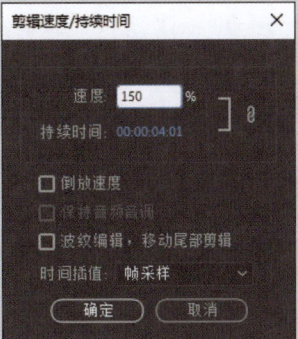

图 4-113

（23）将时间标签放置在 00：00：24：16 的位置，将鼠标指针放在"14"文件的结束位置，当鼠标指针呈 状时单击并向左拖曳到 00：00：24：16 的位置，如图 4-114 所示。使用相同的方法添加并编辑"15 ～ 19"文件，如图 4-115 所示。

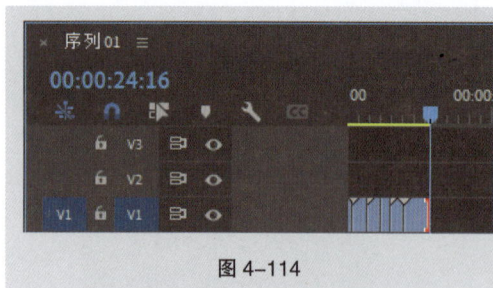

图 4-114

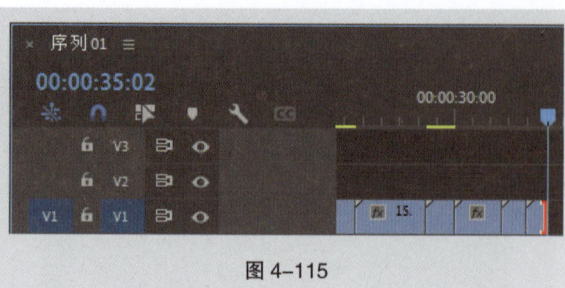

图 4-115

（24）将"项目"面板中的"20"文件拖曳到"时间轴"面板中的"V1"轨道上，如图 4-116
所示。选择"时间轴"面板中的"20"文件，按 Ctrl+R 组合键，弹出"剪辑速度 / 持续时间"对话
框，设置如图 4-117 所示，单击"确定"按钮。

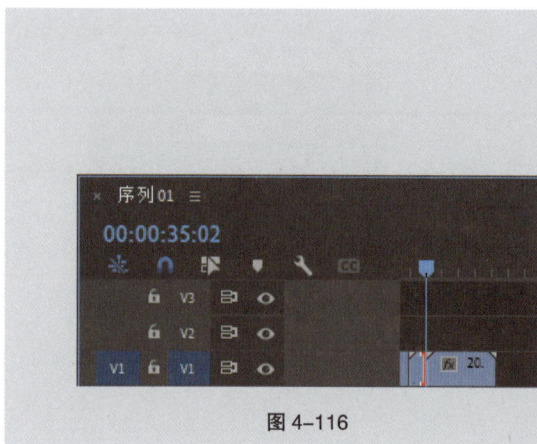

图 4-116

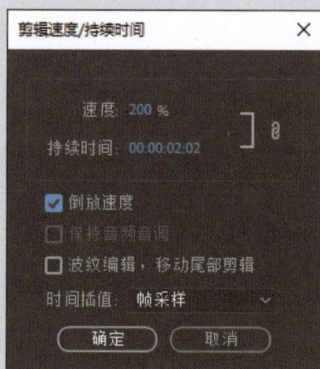

图 4-117

（25）将"项目"面板中的"21"文件拖曳到"时间轴"面板中的"V1"轨道上，如图 4-118
所示。将时间标签放置在 00:00:43:02 的位置，选择"剃刀"工具 🔪，在时间标签处单击以切割素材，
如图 4-119 所示。

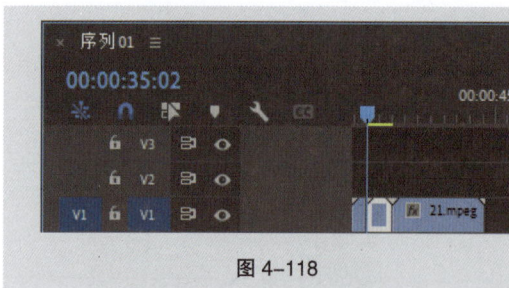

图 4-118

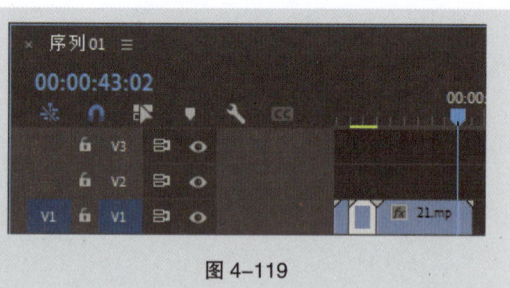

图 4-119

（26）选择"选择"工具 ▶，选择切割后左侧的素材，如图 4-120 所示。按 Ctrl+R 组合键，弹
出"剪辑速度 / 持续时间"对话框，设置如图 4-121 所示，单击"确定"按钮。

（27）将"项目"面板中的"22"文件拖曳到"时间轴"面板中的"V1"轨道上，如图 4-122
所示。将时间标签放置在 00:00:41:22 的位置，将鼠标指针放在"22"文件的结束位置，当鼠标指
针呈 ◄| 状时单击并向左拖曳到 00:00:41:22 的位置，如图 4-123 所示。

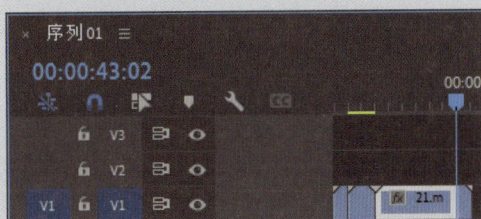

图 4-120

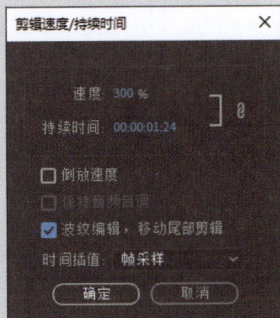

图 4-121

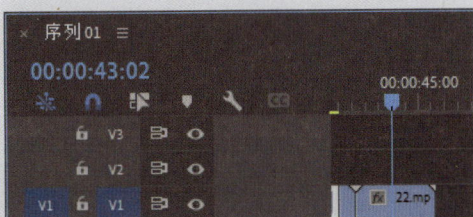

图 4-122

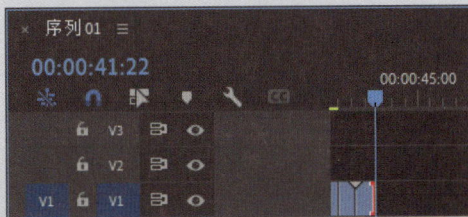

图 4-123

（28）使用相同的方法添加并编辑"23"和"24"文件，如图 4-124 所示。

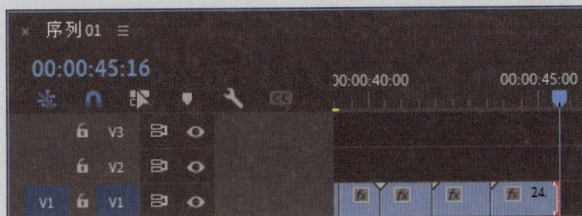

图 4-124

（29）将"项目"面板中的"25"文件拖曳到"时间轴"面板中的"V1"轨道上，如图 4-125 所示。选择"时间轴"面板中的"25"文件，按 Ctrl+R 组合键，弹出"剪辑速度 / 持续时间"对话框，设置如图 4-126 所示，单击"确定"按钮。

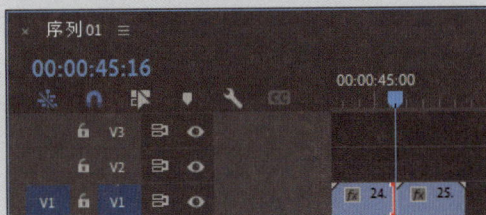

图 4-125

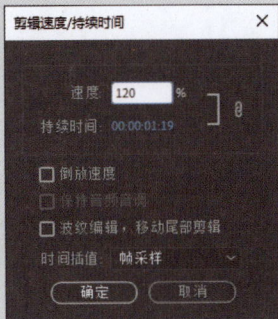

图 4-126

（30）将"项目"面板中的"26"文件拖曳到"时间轴"面板中的"V1"轨道上，如图 4-127 所示。将时间标签放置在 00:00:48:11 的位置，将鼠标指针放在"26"文件的结束位置，当鼠标指针呈◀状时单击并向左拖曳到 00:00:48:11 的位置，如图 4-128 所示。

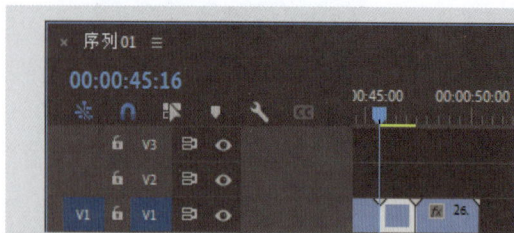

图 4-127

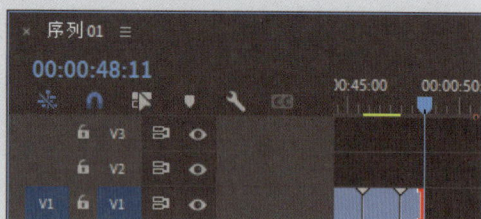

图 4-128

（31）将"项目"面板中的"27"文件拖曳到"时间轴"面板中的"V1"轨道上，如图 4-129 所示。将时间标签放置在 00:00:49:18 的位置，选择"剃刀"工具◆，在时间标签处单击以切割素材，如图 4-130 所示。

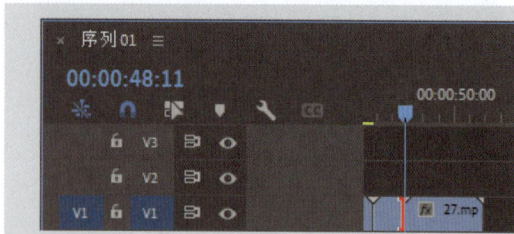

图 4-129

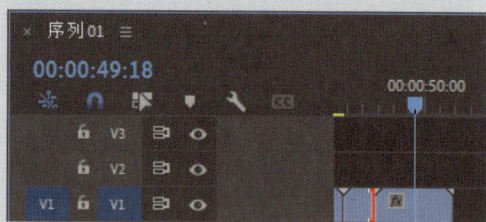

图 4-130

（32）选择"选择"工具▶，选择切割后左侧的素材，如图 4-131 所示。按 Ctrl+R 组合键，弹出"剪辑速度 / 持续时间"对话框，设置如图 4-132 所示，单击"确定"按钮。

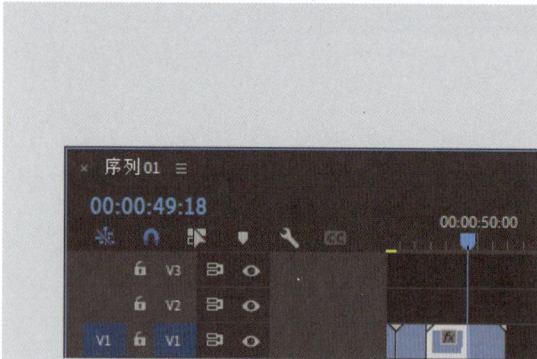

图 4-131

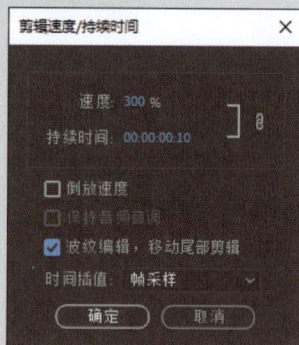

图 4-132

（33）选择切割后右侧的素材，如图 4-133 所示。按 Ctrl+R 组合键，弹出"剪辑速度 / 持续时间"对话框，设置如图 4-134 所示，单击"确定"按钮。

（34）将时间标签放置在 00:00:49:17 的位置，将鼠标指针放在"27"文件的结束位置，当鼠标指针呈◀状时单击并向左拖曳到 00:00:49:17 的位置，如图 4-135 所示。

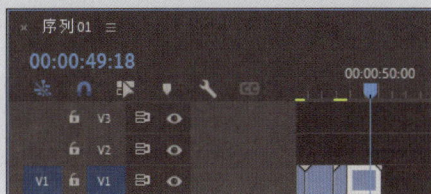

图 4-133

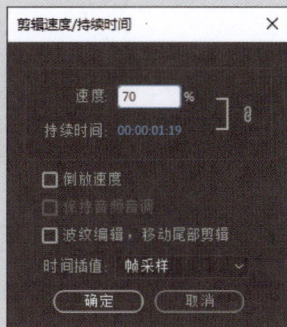

图 4-134

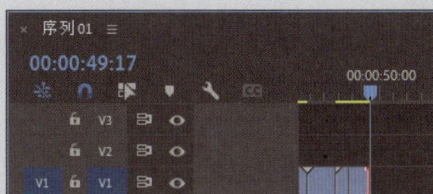

图 4-135

（35）将"项目"面板中的"28"文件拖曳到"时间轴"面板中的"V1"轨道上，如图 4-136 所示。将时间标签放置在 00:00:50:15 的位置，将鼠标指针放在"28"文件的结束位置，当鼠标指针呈◄状时单击并向左拖曳到 00:00:50:15 的位置，如图 4-137 所示。

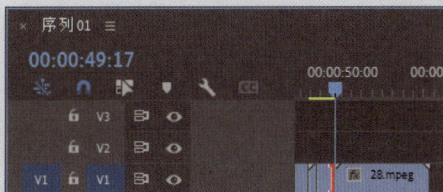

图 4-136

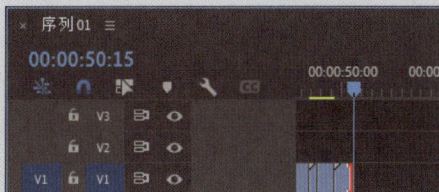

图 4-137

（36）将"项目"面板中的"29"文件拖曳到"时间轴"面板中的"V1"轨道上，如图 4-138 所示。将时间标签放置在 00:00:51:03 的位置，选择"剃刀"工具，在时间标签处单击以切割素材，如图 4-139 所示。

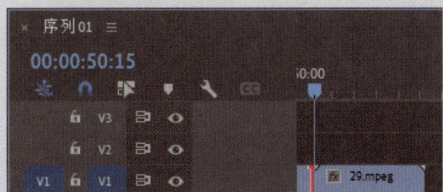

图 4-138

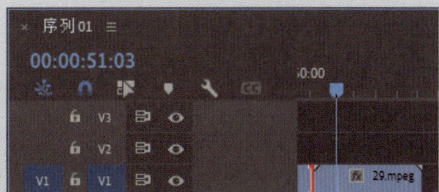

图 4-139

（37）选择"选择"工具，选择切割后左侧的素材，如图 4-140 所示。选择"编辑 > 波纹删除"命令，删除文件，如图 4-141 所示。

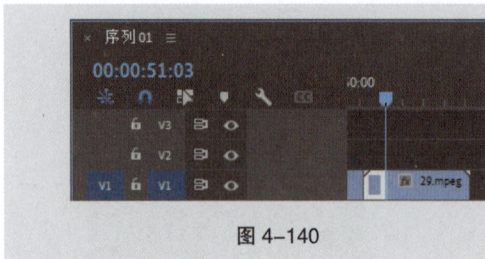

图 4-140

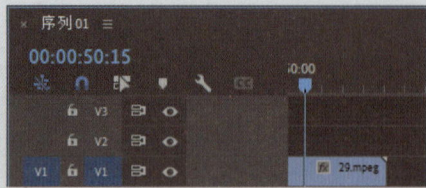

图 4-141

（38）将时间标签放置在 00:00:51:20 的位置，将鼠标指针放在"29"文件的结束位置，当鼠标指针呈 状时单击并向左拖曳到 00:00:51:20 的位置，如图 4-142 所示。使用相同的方法添加并编辑"30"和"31"文件，如图 4-143 所示。

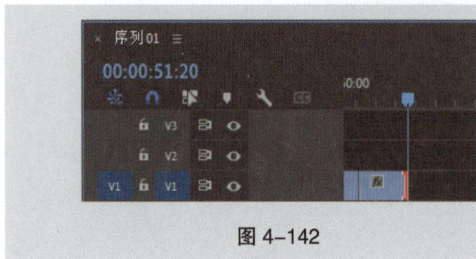

图 4-142

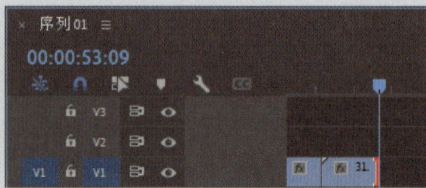

图 4-143

（39）将"项目"面板中的"32"文件拖曳到"时间轴"面板中的"V1"轨道上，如图 4-144 所示。将时间标签放置在 00:00:58:00 的位置，选择"剃刀"工具 ，在时间标签处单击以切割素材，如图 4-145 所示。

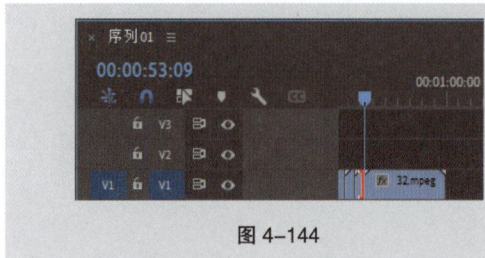

图 4-144

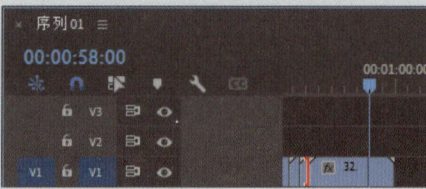

图 4-145

（40）选择"选择"工具 ，选择切割后左侧的素材，如图 4-146 所示。按 Ctrl+R 组合键，弹出"剪辑速度 / 持续时间"对话框，设置如图 4-147 所示，单击"确定"按钮。

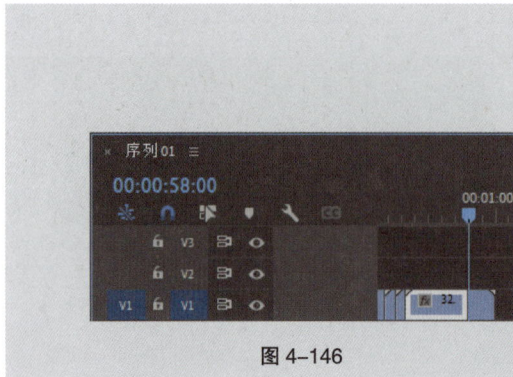

图 4-146

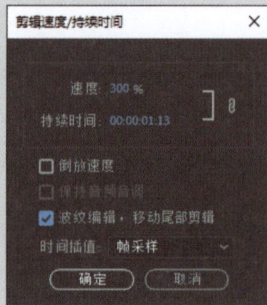

图 4-147

（41）选择切割后右侧的素材，如图 4-148 所示。按 Ctrl+R 组合键，弹出"剪辑速度 / 持续时间"对话框，设置如图 4-149 所示，单击"确定"按钮。

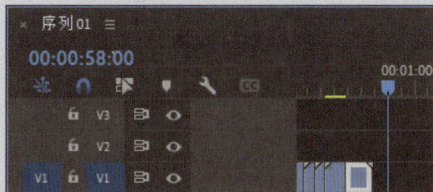

图 4-148

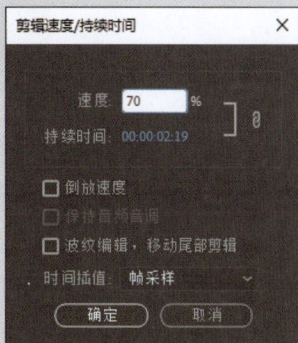

图 4-149

（42）将时间标签放置在 00:00:55:00 的位置，选择"剃刀"工具◢，在时间标签处单击以切割素材，如图 4-150 所示。选择"选择"工具▶，选择切割后左侧的素材。选择"编辑 > 波纹删除"命令，删除文件，如图 4-151 所示。

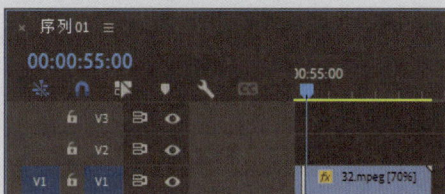

图 4-150

图 4-151

（43）将"项目"面板中的"33"文件拖曳到"时间轴"面板中的"V1"轨道上，如图 4-152 所示。选择"时间轴"面板中的"33"文件，按 Ctrl+R 组合键，弹出"剪辑速度 / 持续时间"对话框，设置如图 4-153 所示，单击"确定"按钮。

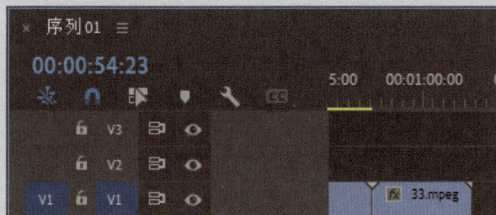

图 4-152

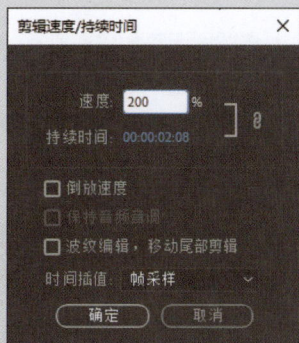

图 4-153

（44）将时间标签放置在 00:00:58:21 的位置，将鼠标指针放在"33"文件的结束位置，当鼠标指针呈◀状时单击并向左拖曳到 00:00:58:21 的位置，如图 4-154 所示。

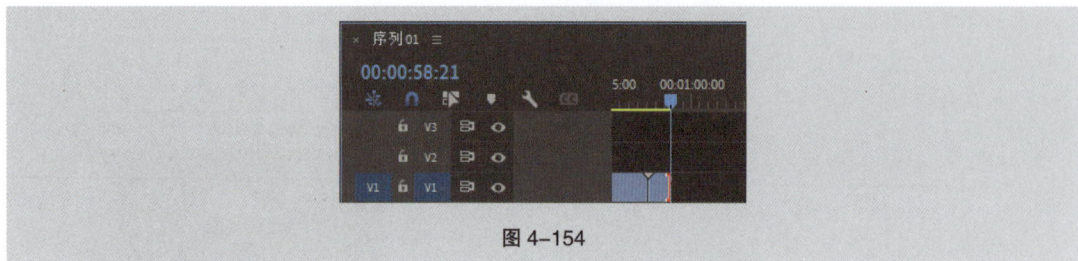
图 4-154

（45）将"项目"面板中的"34"文件拖曳到"时间轴"面板中的"V1"轨道上，如图 4-155 所示。将时间标签放置在 00:01:00:02 的位置，将鼠标指针放在"34"文件的结束位置，当鼠标指针呈 ◄ 状时单击并向左拖曳到 00:01:00:02 的位置，如图 4-156 所示。

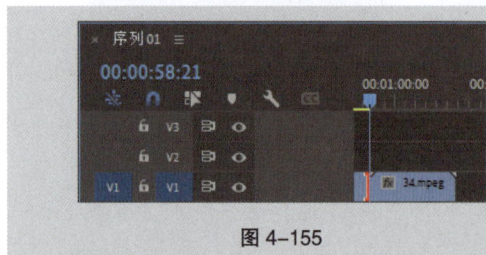
图 4-155

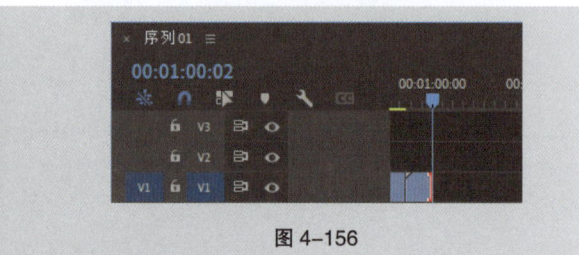
图 4-156

（46）使用相同的方法添加并编辑"35 ~ 38"文件，如图 4-157 所示。

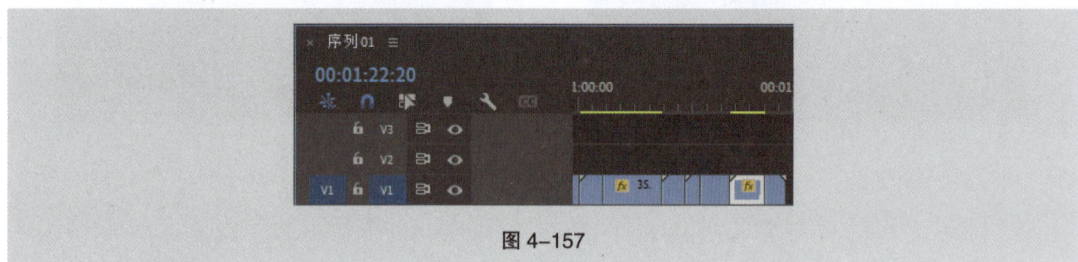
图 4-157

4.2.3　调整素材的不透明度并制作动画

（1）将时间标签放置在 00:01:13:20 的位置。在"时间轴"面板中选择"38"文件。在"效果控件"面板中，单击"不透明度"左侧的"切换动画"按钮，记录第 1 个动画关键帧，如图 4-158 所示。将时间标签放置在 00:01:14:12 的位置。将"不透明度"设置为"0.0%"，记录第 2 个动画关键帧，如图 4-159 所示。

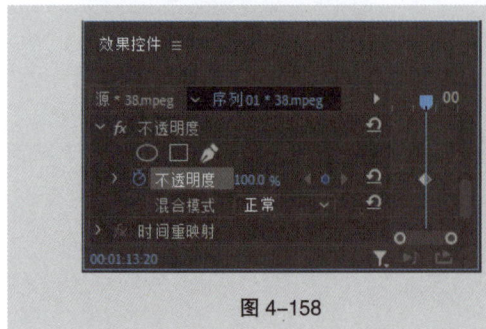
图 4-158

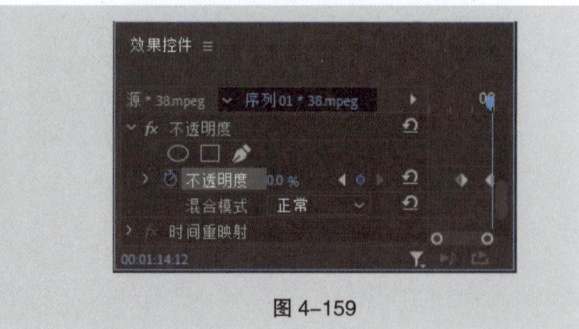
图 4-159

（2）将时间标签放置在 00:00:04:10 的位置。将"项目"面板中的"40"文件拖曳到"时间轴"面板中的"V2"轨道上，如图 4-160 所示。将鼠标指针放在"40"文件的结束位置，当鼠标指针呈 ◄| 状时单击并向左拖曳到"04"文件的结束位置，如图 4-161 所示。

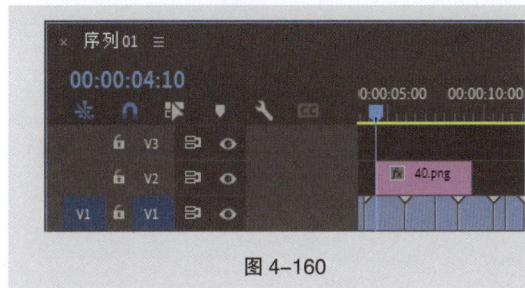

图 4-160

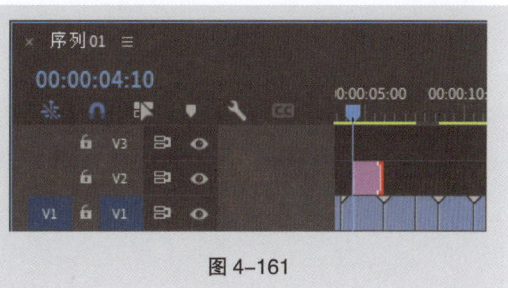

图 4-161

（3）在"时间轴"面板中选择"40"文件。在"效果控件"面板中，将"不透明度"设置为"0.0%"，单击"不透明度"左侧的"切换动画"按钮 ⏱，记录第 1 个动画关键帧，如图 4-162 所示。将时间标签放置在 00:00:04:23 的位置。将"不透明度"设置为"100.0%"，记录第 2 个动画关键帧，如图 4-163 所示。

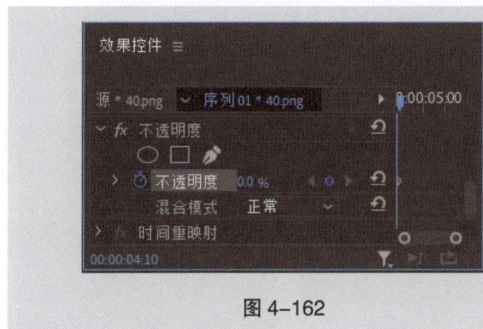

图 4-162

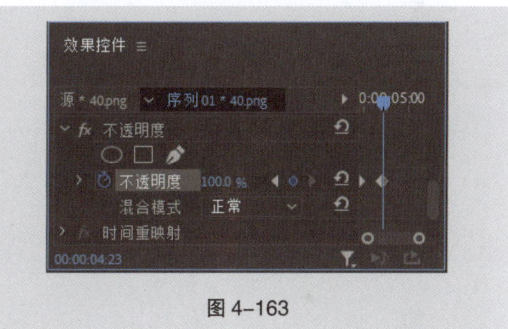

图 4-163

4.2.4　添加并调整视频效果和视频过渡效果

1. 添加视频效果

（1）在"效果"面板中，展开"视频效果"列表，单击"扭曲"文件夹左侧的展开按钮 ❯ 将其展开，选中"变形稳定器"效果，如图 4-164 所示。将"变形稳定器"效果拖曳到"时间轴"面板中"V1"轨道的"08"文件上，如图 4-165 所示。

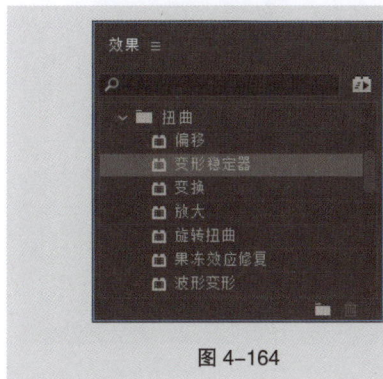

图 4-164

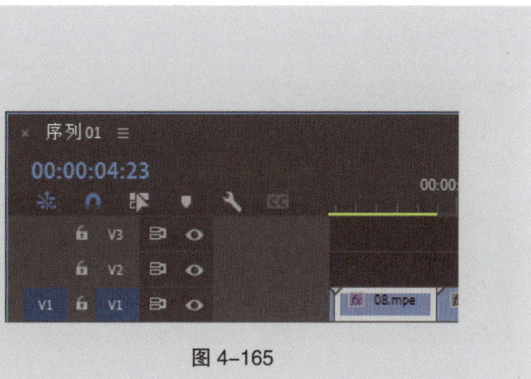

图 4-165

（2）在"效果"面板中选中"变形稳定器"效果。将"变形稳定器"效果拖曳到"时间轴"面板中"V1"轨道的"15"文件上，如图4-166所示。使用相同的方法为"26"和"29"文件添加"变形稳定器"效果，如图4-167所示。

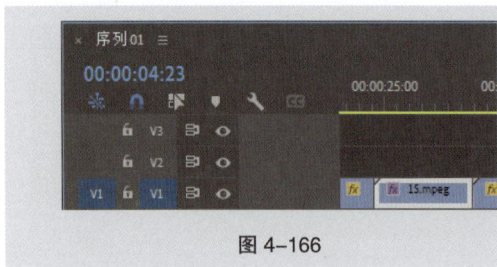

图4-166

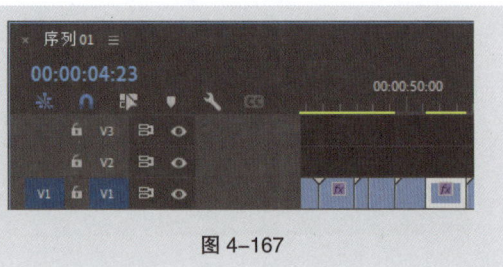

图4-167

2. 添加并调整视频过渡效果

（1）在"效果"面板中，展开"视频过渡"列表，单击"溶解"文件夹左侧的展开按钮▶将其展开，选择"交叉溶解"效果，如图4-168所示。将"交叉溶解"效果拖曳到"时间轴"面板中"20"文件的开始位置，如图4-169所示。

（2）选择"时间轴"面板中的"交叉溶解"效果。在"效果控件"面板中，将"持续时间"设置为"00:00:00:17"，如图4-170所示。

图4-168

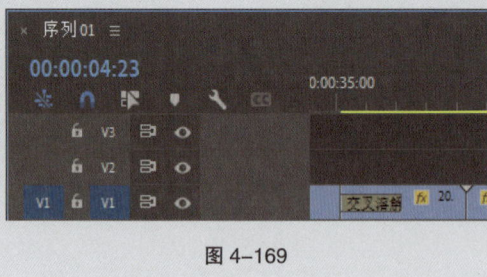

图4-169

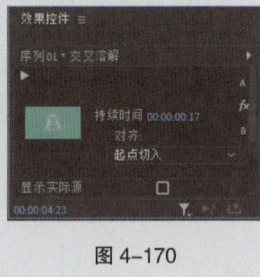

图4-170

（3）在"效果"面板中，选择"白场过渡"效果，如图4-171所示。将"白场过渡"效果拖曳到"时间轴"面板中"24"文件的开始位置，如图4-172所示。

（4）选择"时间轴"面板中的"白场过渡"效果。在"效果控件"面板中，将"持续时间"设置为"00:00:00:12"，如图4-173所示。

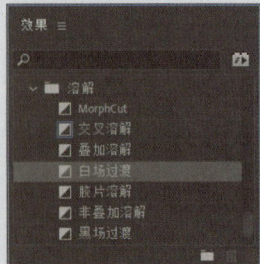

图4-171

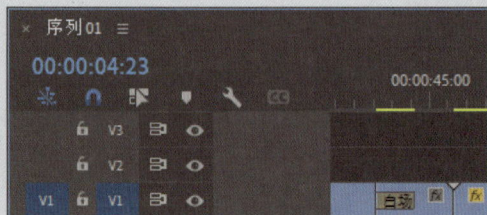

图4-172

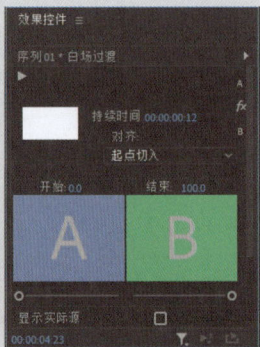

图4-173

4.2.5　添加调整图层快速调色

（1）在"项目"面板中，选择"文件 > 新建 > 调整图层"命令，弹出"调整图层"对话框，如图 4-174 所示，单击"确定"按钮，在"项目"面板中新建"调整图层"文件，如图 4-175 所示。将其拖曳到"时间轴"面板中的"V3"轨道上，如图 4-176 所示。

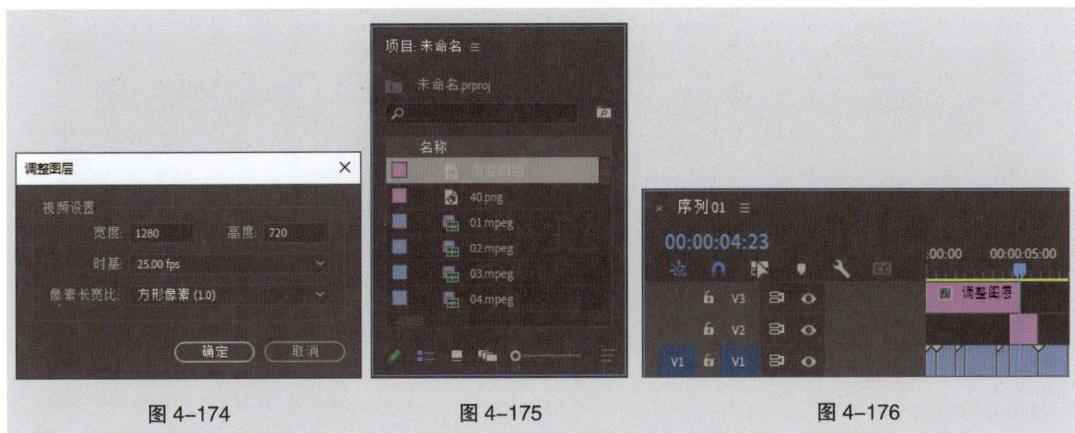

图 4-174　　　　　　　　　图 4-175　　　　　　　　　图 4-176

（2）将鼠标指针放在"调整图层文件"的结束位置，当鼠标指针呈 状时单击，选取编辑点。将所选编辑点向右拖曳到与"38"文件的结束位置齐平，如图 4-177 所示。

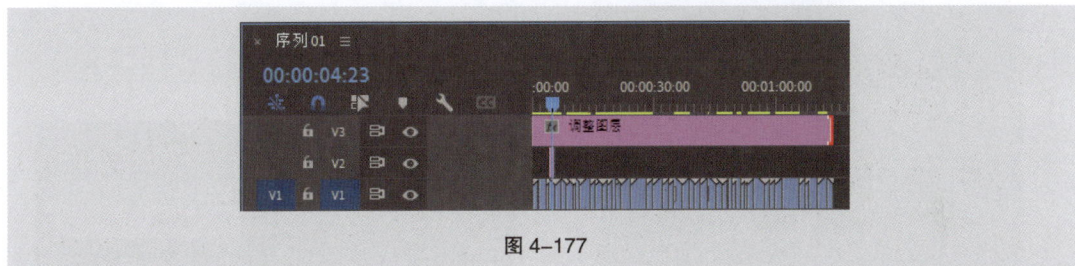

图 4-177

（3）在"效果"面板中，单击"颜色校正"文件夹左侧的展开按钮 将其展开，选中"Lumetri 颜色"效果，如图 4-178 所示。将"Lumetri 颜色"效果拖曳到"时间轴"面板中的"调整图层"文件上。在"效果控件"面板中展开"Lumetri 颜色"效果并进行参数设置，如图 4-179 所示。

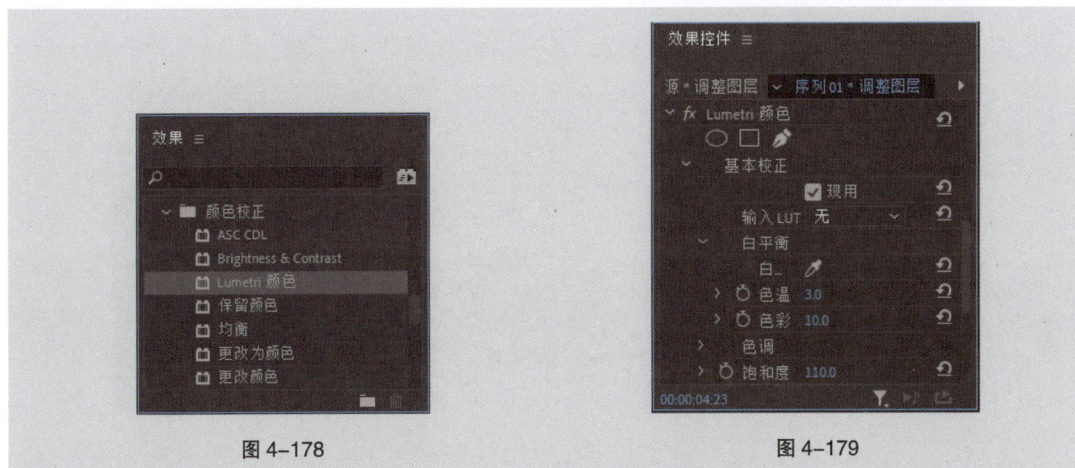

图 4-178　　　　　　　　　　　　　　图 4-179

4.2.6　添加并调整音频素材

（1）双击"项目"面板中的"39"文件，在"源"面板中打开。将时间标签放置在00:00:00:11的位置，按I键，标记入点，如图4-180所示。将时间标签放置在00:01:14:23的位置，按O键，标记出点，如图4-181所示。

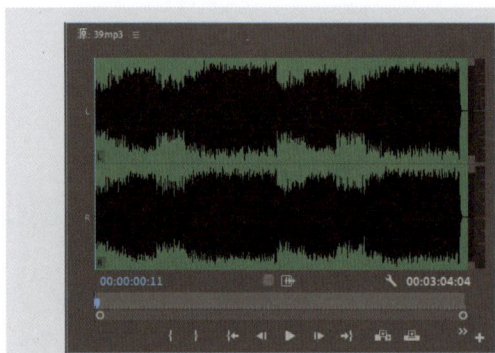

图4-180

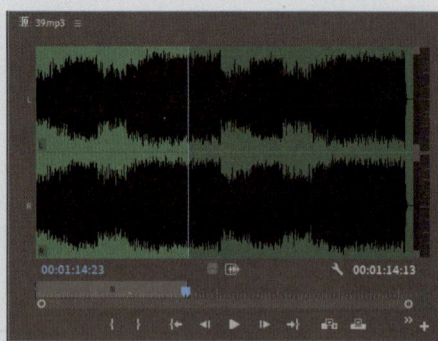

图4-181

（2）将鼠标指针放置在"源"面板中的"仅拖动音频"按钮 ⊬⊬ 上，如图4-182所示。将其拖曳到"时间轴"面板中的"A1"轨道上，如图4-183所示。

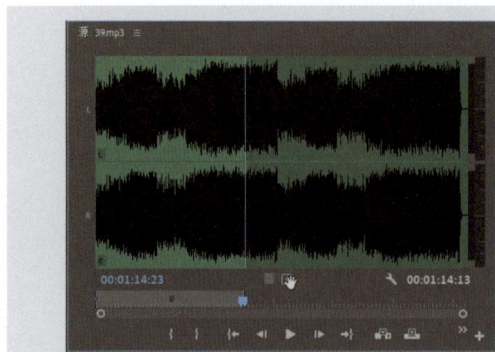

图4-182

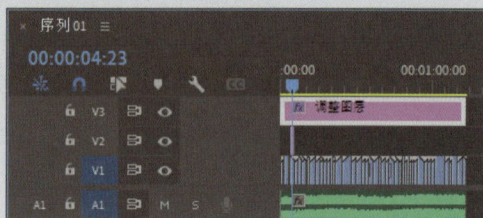

图4-183

（3）选中"A1"轨道上的文件，将时间标签放置在00:01:13:20的位置。在"效果控件"面板中，展开"音量"选项，单击"级别"右侧的"添加/移除关键帧"按钮 ⊙ ，记录第1个动画关键帧，如图4-184所示。将时间标签放置在00:01:14:13的位置，将"级别"设置为"-999.0"，记录第2个动画关键帧，如图4-185所示。

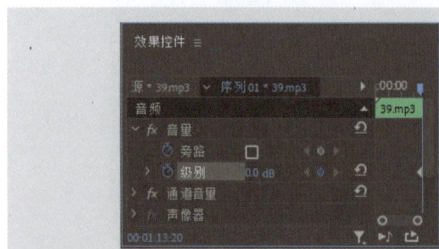

图4-184

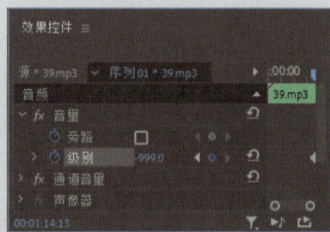

图4-185

4.2.7　导出视频文件

选择"文件 > 导出 > 媒体"命令,弹出"导出设置"对话框,具体的设置如图 4-186 所示。单击"导出"按钮,导出视频文件。

图 4-186

4.3 | 课后任务

1. 任务

使用运动镜头拍摄以街边小巷为主题的短视频。

2. 任务要求

短视频时长:1 分 30 秒。

素材数量:不少于 30 条。

素材要求:要求用到本章所讲的所有运动镜头。

转场要求:应用转场,拍摄起幅和落幅不同的镜头。

制作短视频:挑选合适的音频,完成短视频的制作。

05

第 5 章
创意混剪短视频

▶ ## 本章介绍

　　本章将详细讲解创意混剪短视频的拍摄方法和制作技巧。通过对本章的学习，读者能够熟练运用节奏对镜头进行组接，为后期的视频处理打下坚实的基础。

知识目标

慕课视频

- 了解节奏的重要性。
- 掌握节奏的运用方法。
- 掌握镜头的组接规律。
- 熟练掌握创意混剪短视频的制作方法。

第 5 章 创意混剪
短视频

技能目标

- 能够运用所学知识制作创意混剪短视频。
- 掌握"最美中轴线"短视频的制作方法。

素质目标

- 培养良好的组织和管理能力。
- 培养对信息进行加工处理并合理使用的能力。

5.1 拍摄期

我们可以利用剪辑手段对视频素材进行有节奏的组接。本节将重点讲解节奏的运用方法和镜头的组接规律，为视频的后期处理提供帮助。

5.1.1 认识节奏

节奏是动态艺术的灵魂，也是视频后期制作的依据。

1. 节奏概述

节奏本身是具有规律和韵律的变化过程，是视频后期制作的一种重要手段，贯穿视频各要素。恰如其分地使用节奏可以与观者产生心理互动，制作出具有艺术内涵的作品。混乱地使用节奏则易使观者产生烦躁心理，不易产生心理互动。

2. 视频的节奏

视频是视听艺术的一种表现形式，视频节奏包括视觉节奏和听觉节奏。视频的后期制作就是将这两种节奏结合起来，形成视频内容的统一节奏，从而使视频内容具有一定意义。

对节奏的把控不仅是指在前期拍摄时尽量拍摄出相应的素材，还指在后期制作时将素材有节奏感地表现出来。有节奏感是指使视频内容展现出有趣、环环相扣的效果，避免简单地将松散、混乱的镜头堆积在一起。

5.1.2 学会运用节奏

剪辑镜头时对节奏进行恰当的控制可以使画面更加流畅、舒适，且具有艺术感。

1. 节奏的控制

视频节奏是通过画面转换来形成的。要使节奏舒缓，可以拉长镜头，这适用于表现叙事性强的镜头；要使节奏强烈，可以加快镜头切换的速度，这适用于表现动感强烈的镜头。但要注意，在节奏强烈时，不要频繁地快速切换镜头，否则容易使观者产生视觉疲劳，给观者不舒适感。

音频节奏是根据音频的重音点形成的，音频的节奏可以突出从缓到急的变化，能与视频素材紧密结合。图 5-1 所示为不同音频的节奏。

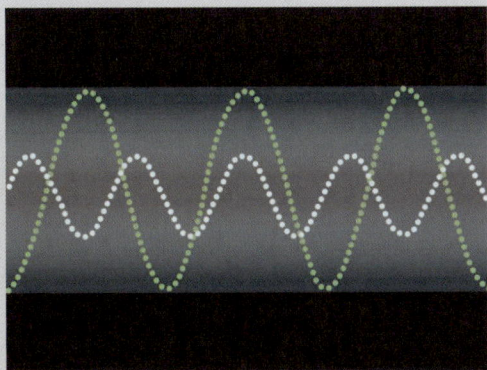

图 5-1

2. 节奏的使用

在片头叙事时，视频节奏应舒缓，可以将镜头缓慢拉远，如图 5-2 和图 5-3 所示。

图 5-2

图 5-3

片中音乐节奏加快，镜头切换速度也要加快，如 3 秒内切换多个镜头，如图 5-4 和图 5-5 所示。

图 5-4

图 5-5

5.1.3 镜头的组接

视频作品是由一系列镜头按一定的规律和次序，有逻辑、有构思地连贯组接而形成的一个统一体。下面具体介绍镜头的组接规律。

1. 基本原则

同一景别的镜头不相互组接，也不能用同一景别切分镜头。相邻两个镜头的景别要有区别，如图 5-6 和图 5-7 所示，一个为远景镜头，一个为中景镜头。

图 5-6

图 5-7

主体的动接动原则是指在组接镜头时，上一个镜头中的主体是运动的或有运动趋势的，下一个镜头中的主体也是运动的或有同样运动趋势的。

主体的静接静原则是指在组接镜头时，上一个镜头中的主体是静止的或逐渐趋于静止的，下一个镜头中的主体也是静止的或逐渐趋于静止的。注意起幅和落幅的设计要符合逻辑，不能给人"跳动感"。

上一个镜头中船从左向右移动，下一个镜头中电车同样从左向右行驶，这就符合主体的动接动原则，如图 5-8 和图 5-9 所示。

图 5-8

图 5-9

上一个镜头主要表现地点，下一个镜头直接展现环境，形成两个镜头间的内在位置联系，如图 5-10 和图 5-11 所示。

图 5-10

图 5-11

上一个镜头的落幅是一位艺人正在弹奏某种乐器，采用模糊的形式，下一个镜头则向下移动，画面逐渐清晰，形成两个镜头的动作和内容上的组接，如图 5-12 和图 5-13 所示。

图 5-12

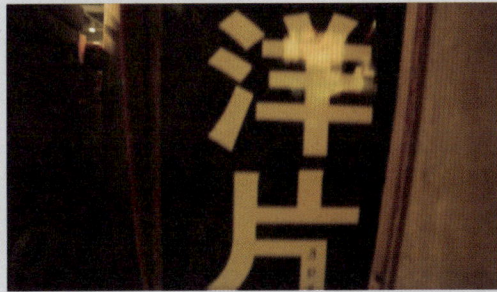

图 5-13

2．动作相似组接

动作相似组接是指将人物、动物、交通工具等其他对象的动作与画面主体的动作进行连贯性与相似性的组接。

前一个镜头是道路上一辆电车从左向右行驶，下一个镜头则是另一辆电车在桥上从左向右行驶，虽然两辆电车不同，但通过动作相似组接，两个镜头间形成了一定的节奏感，如图5-14和图5-15所示。

图 5-14

图 5-15

对于不同的两条街道，通过相同的摇镜头表现，对同样的画面进行组接，形成镜头的切换，如图5-16～图5-18所示。

图 5-16

图 5-17

图 5-18

3．特写镜头的组接

特写镜头的组接是将主体的某个局部或某个特写画面作为落幅，组接远景或全景，以展现另一场景，从而在不知不觉中转换场景和叙述内容。

图 5-19 所示为特写镜头，可用于将图 5-20 所示的场景转换到图 5-21 所示的场景。

图 5-19

图 5-20

图 5-21

4．镜头间的因果关系

镜头间的因果组接是指让同一主体在前后镜头中出现，从而让观者联想前后镜头间的因果关系，起到呼应、对比、隐喻、烘托的作用。前后镜头间的因果关系可以通过台词、动作等体现。

图 5-22 和图 5-23 所示为不断放大主体内容，镜头间形成呼应和传递，有明显的因果关系。

图 5-22

图 5-23

图 5-24 和图 5-25 所示的内容是为后续镜头做铺垫，通过铺垫形成期待，给观众展示结果，形成因果关系。

图 5-24

图 5-25

图 5-26 和图 5-27 所示为匠人视线和专注动作的延续，让期待变成事实，展示结果给观众，形成传递。

图 5-26

图 5-27

5.2 制作期——制作"最美中轴线"短视频

使用"新建"和"导入"命令新建项目并导入素材，使用快捷键在"源"面板中截取和标记视音频，通过拖曳为序列匹配视频素材，使用"剪辑 > 取消链接"命令取消视音频链接，使用"剪辑 > 速度 / 持续时间"命令调整素材的速度 / 持续时间，使用"选择"工具移动剪辑后的素材，使用"导出"命令导出视频文件。最终效果参看"Ch05\ 最美中轴线 \ 最美中轴线 .prproj"，如图 5-28 所示。

慕课视频

5.2 制作期——
制作"最美中轴线"
短视频 1

图 5-28

慕课视频

5.2 制作期——
制作"最美中轴线"
短视频 2

慕课视频

5.2 制作期——
制作"最美中轴线"
短视频 3

慕课视频

5.2 制作期——
制作"最美中轴线"
短视频 4

慕课视频

5.2 制作期——
制作"最美中轴线"
短视频 5

5.2.1　新建项目并导入素材

（1）启动 Premiere Pro 2021，选择"文件 > 新建 > 项目"命令，弹出"新建项目"对话框，如图 5-29 所示，单击"确定"按钮，新建项目。选择"文件 > 新建 > 序列"命令，弹出"新建序列"对话框，选择"设置"选项卡，设置如图 5-30 所示，单击"确定"按钮，新建序列。

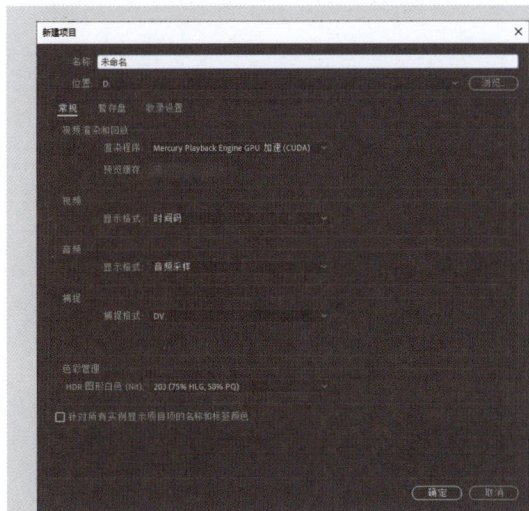
图 5-29

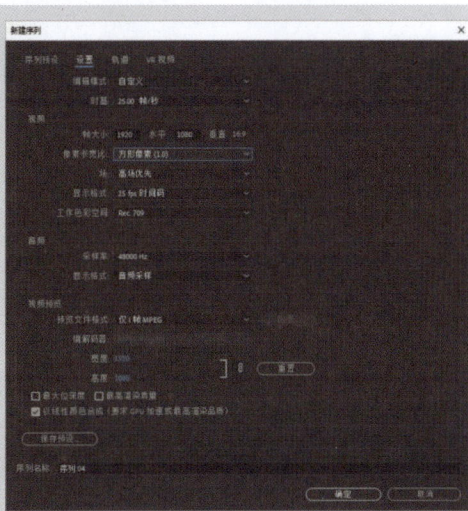
图 5-30

（2）选择"文件 > 导入"命令，弹出"导入"对话框，选择"Ch05\ 最美中轴线 \ 素材 \01 ～ 24"文件，如图 5-31 所示，单击"打开"按钮，将文件导入"项目"面板，如图 5-32 所示。

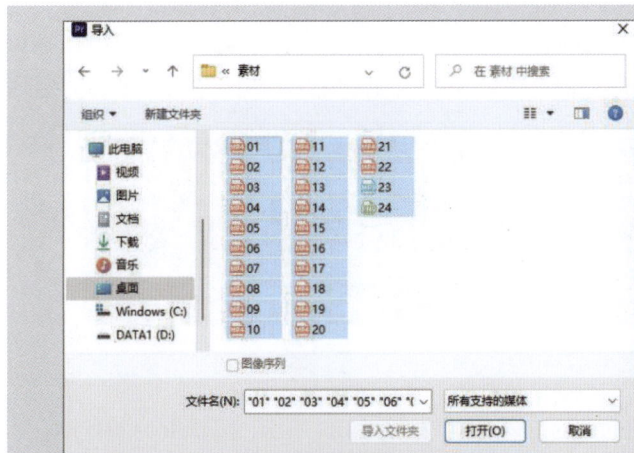
图 5-31

图 5-32

5.2.2　为序列匹配视频素材

（1）双击"项目"面板中的"01"文件，在"源"面板中打开。将时间标签放置在 00:00:02:24 的位置，如图 5-33 所示。按 I 键，标记入点，如图 5-34 所示。

图 5-33

图 5-34

（2）选中"源"面板中的"01"文件并将其拖曳到"时间轴"面板中的"V1"轨道上，弹出"剪辑不匹配警告"对话框，如图 5-35 所示。单击"保持现有设置"按钮，将"01"文件放置到"V1"轨道上，如图 5-36 所示。

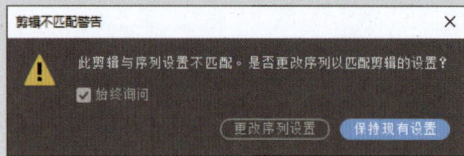

图 5-35

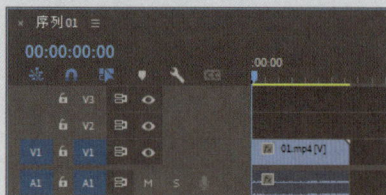

图 5-36

（3）单击"A1"轨道左侧的音频标签，如图 5-37 所示，激活音频内容，覆盖插入的音频。选择"时间轴"面板中的"01"文件。选择"剪辑 > 取消链接"命令，取消视音频链接，如图 5-38 所示。

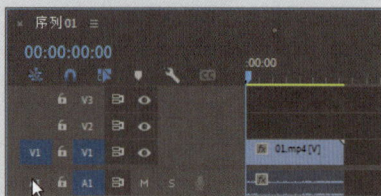

图 5-37

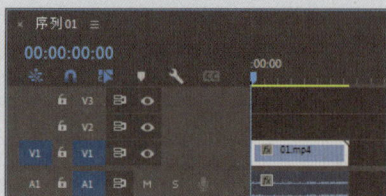

图 5-38

（4）选中"时间轴"面板中"A1"轨道上的音频文件，如图 5-39 所示。按 Delete 键删除，如图 5-40 所示。

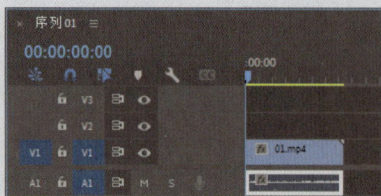

图 5-39

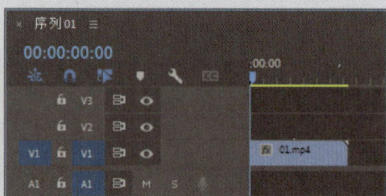

图 5-40

5.2.3 截取和标记音频素材

（1）双击"项目"面板中的"23"文件，在"源"面板中打开。将时间标签放置在00:00:07:22的位置，按I键，标记入点，如图5-41所示。将时间标签放置在00:00:58:00的位置，按O键，标记出点，如图5-42所示。

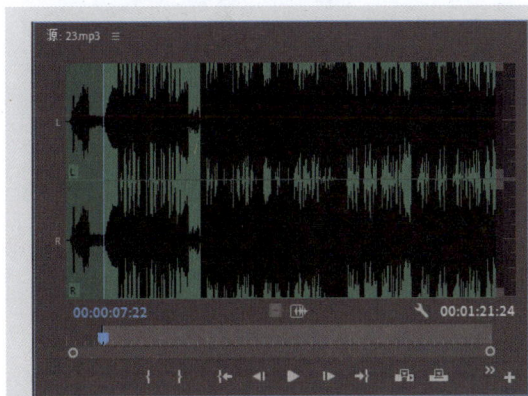

图 5-41

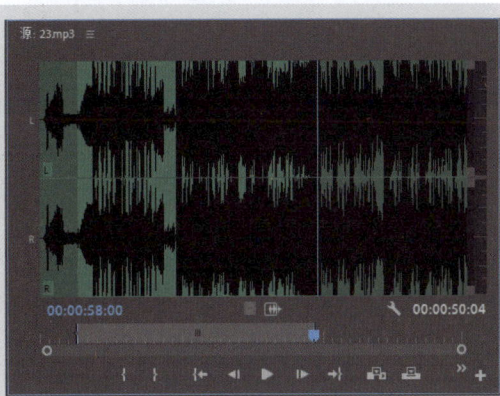

图 5-42

（2）播放音频，根据音频节奏在适当的位置设置标记。将时间标签放置在00:00:11:07的位置，按M键，添加标记，如图5-43所示。将时间标签放置在00:00:12:22的位置，按M键，添加标记，如图5-44所示。

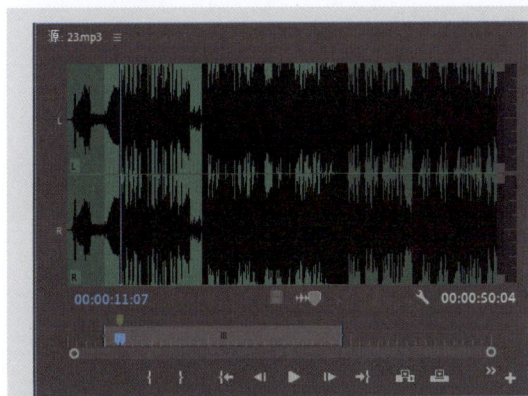

图 5-43

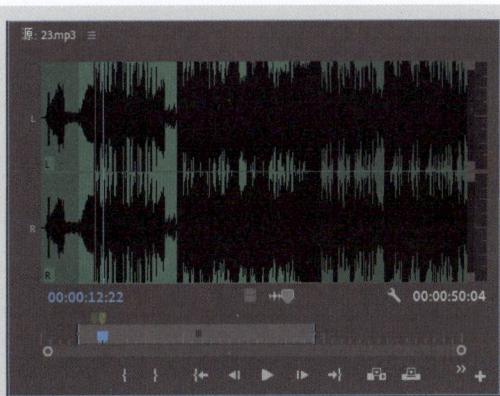

图 5-44

（3）将时间标签放置在00:00:14:18的位置，按M键，添加标记，如图5-45所示。用相同的方法根据音频的节奏在00:00:16:17、00:00:18:12、00:00:20:08、00:00:22:03、00:00:23:22、00:00:25:23、00:00:28:09、00:00:29:09、00:00:31:00、00:00:32:24、00:00:34:24、00:00:36:14、00:00:38:08、00:00:39:08、00:00:40:08、00:00:43:02、00:00:45:19、00:00:46:16、00:00:47:14、00:00:48:12、00:00:49:12、00:00:50:10、00:00:51:05、00:00:52:03、00:00:53:03、00:00:54:01、00:00:54:23、00:00:55:22处添加标记，效果如图5-46所示。

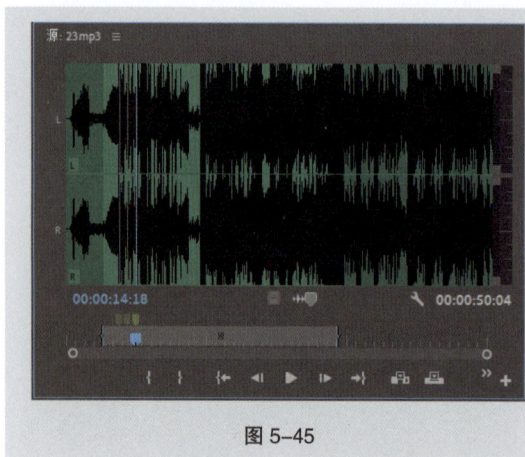

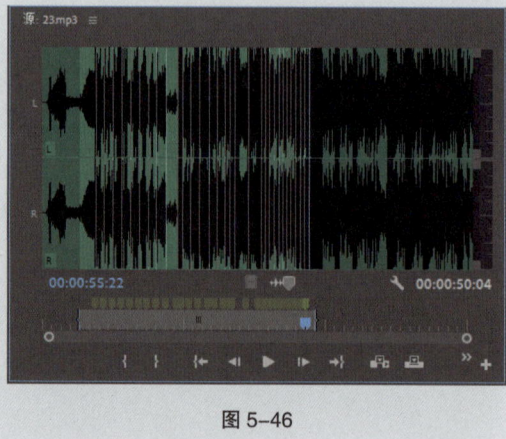

图 5-45　　　　　　　　　　　　　　　　图 5-46

（4）选中"源"面板中的"23"文件并将其拖曳到"时间轴"面板中的"A1"轨道上，如图 5-47 所示。

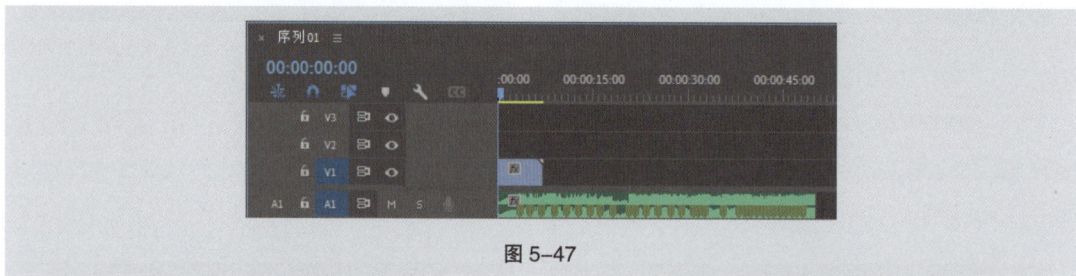

图 5-47

5.2.4　剪辑并调整视频素材

（1）按 Shift+M 组合键，转到当前时间标签右侧的第 1 个标记位置，如图 5-48 所示。将鼠标指针放在"01"文件的结束位置，当鼠标指针呈 状时单击，选取编辑点。将所选编辑点向左拖曳到与时间标签齐平的位置，如图 5-49 所示。

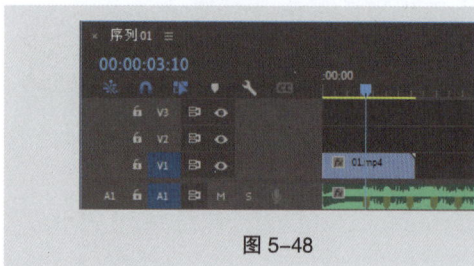

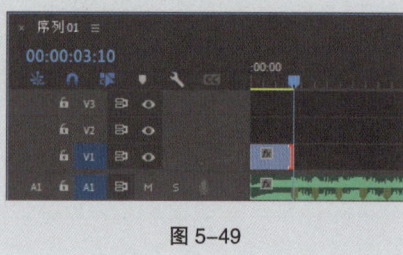

图 5-48　　　　　　　　　　　　　　　　图 5-49

（2）双击"项目"面板中的"02"文件，在"源"面板中打开。将时间标签放置在 00:00:06:01 的位置，按 I 键，标记入点，如图 5-50 所示。选中"源"面板中的"02"文件并将其拖曳到"时间轴"面板中的"V1"轨道上，如图 5-51 所示。

（3）按两次 Shift+M 组合键，转到当前时间标签右侧的第 2 个标记位置，如图 5-52 所示。将鼠标指针放在"02"文件的结束位置，当鼠标指针呈 状时单击，选取编辑点。将所选编辑点向左拖曳到与时间标签齐平的位置，如图 5-53 所示。

图 5-50

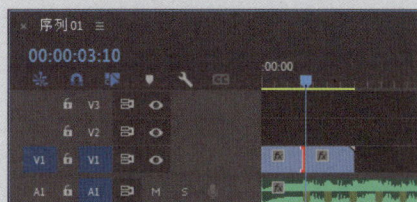
图 5-51

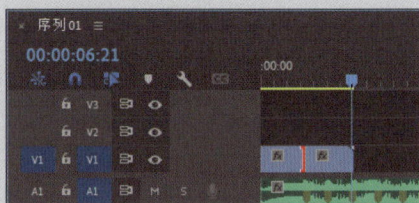
图 5-52

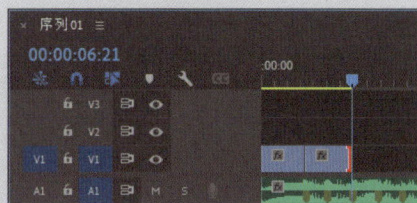
图 5-53

（4）双击"项目"面板中的"03"文件，在"源"面板中打开。将时间标签放置在 00:00:02:19 的位置，按 I 键，标记入点，如图 5-54 所示。选中"源"面板中的"03"文件并将其拖曳到"时间轴"面板中的"V1"轨道上，如图 5-55 所示。

图 5-54

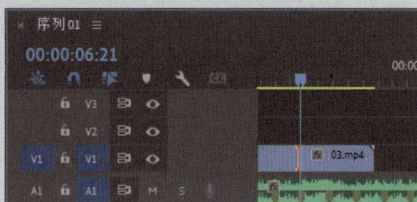
图 5-55

（5）按 Shift+M 组合键，转到当前时间标签右侧的第 1 个标记位置，如图 5-56 所示。将鼠标指针放在"03"文件的结束位置，当鼠标指针呈 状时单击，选取编辑点。按 E 键，将所选编辑点扩展到与时间标签齐平的位置，如图 5-57 所示。

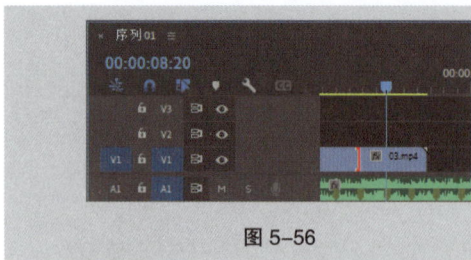

图 5-56

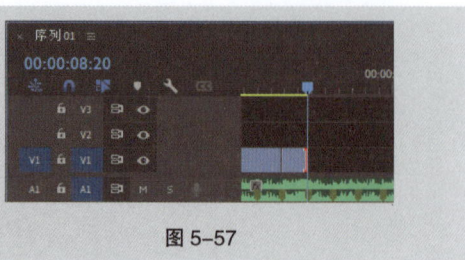

图 5-57

（6）双击"项目"面板中的"04"文件，在"源"面板中打开。将时间标签放置在 00:00:02:16 的位置，按 I 键，标记入点，如图 5-58 所示。选中"源"面板中的"04"文件并将其拖曳到"时间轴"面板中的"V1"轨道上，如图 5-59 所示。

图 5-58

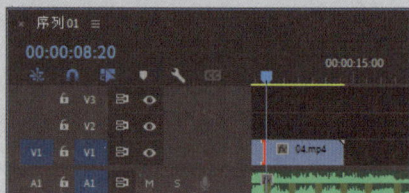

图 5-59

（7）按 Shift+M 组合键，转到当前时间标签右侧的第 1 个标记位置，如图 5-60 所示。将鼠标指针放在"04"文件的结束位置，当鼠标指针呈 ◄ 状时单击，选取编辑点。按 E 键，将所选编辑点扩展到与时间标签齐平的位置，如图 5-61 所示。

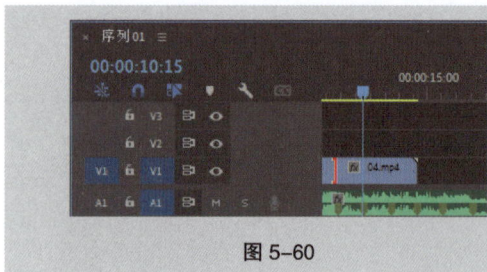

图 5-60

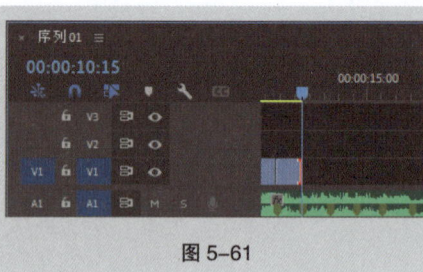

图 5-61

（8）双击"项目"面板中的"05"文件，在"源"面板中打开。将时间标签放置在 00:00:00:08 的位置，按 I 键，标记入点，如图 5-62 所示。选中"源"面板中的"05"文件并将其拖曳到"时间轴"面板中的"V1"轨道上，如图 5-63 所示。

（9）按 Shift+M 组合键，转到当前时间标签右侧的第 1 个标记位置，如图 5-64 所示。将鼠标指针放在"05"文件的结束位置，当鼠标指针呈 ◄ 状时单击，选取编辑点。按 E 键，将所选编辑点扩展到与时间标签齐平的位置，如图 5-65 所示。

图 5-62

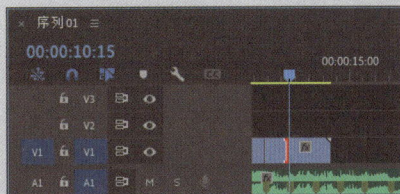

图 5-63

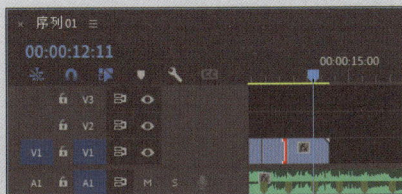

图 5-64

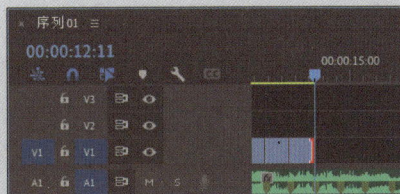

图 5-65

5.2.5　调整视频素材的速度/持续时间

（1）将"项目"面板中的"06"文件拖曳到"时间轴"面板中的"V1"轨道上，如图 5-66 所示。选择"时间轴"面板中的"06"文件。选择"剪辑 > 速度/持续时间"命令，在弹出的"剪辑速度/持续时间"对话框中进行设置，如图 5-67 所示，单击"确定"按钮，"时间轴"面板如图 5-68 所示。

图 5-66

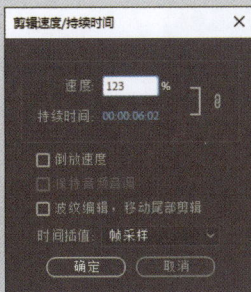

图 5-67

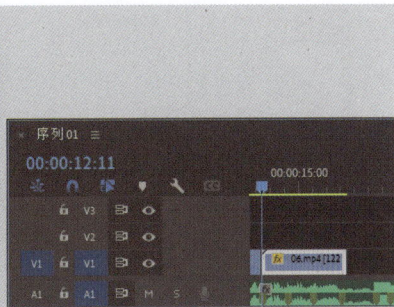

图 5-68

（2）按 Shift+M 组合键，转到当前时间标签右侧的第 1 个标记位置，如图 5-69 所示。将鼠标指针放在"06"文件的结束位置，当鼠标指针呈 状时单击，选取编辑点。按 E 键，将所选编辑点扩展到与时间标签齐平的位置，如图 5-70 所示。

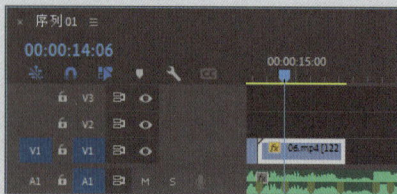

图 5-69

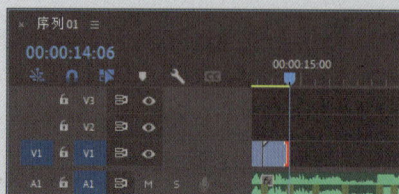

图 5-70

（3）将"项目"面板中的"07"文件拖曳到"时间轴"面板中的"V1"轨道上，如图 5-71 所示。选择"时间轴"面板中的"07"文件。选择"剪辑 > 速度 / 持续时间"命令，在弹出的"剪辑速度 / 持续时间"对话框中进行设置，如图 5-72 所示，单击"确定"按钮。

（4）按 Shift+M 组合键，转到当前时间标签右侧的第 1 个标记位置。将鼠标指针放在"07"文件的结束位置，当鼠标指针呈 状时单击，选取编辑点。按 E 键，将所选编辑点扩展到与时间标签齐平的位置，如图 5-73 所示。

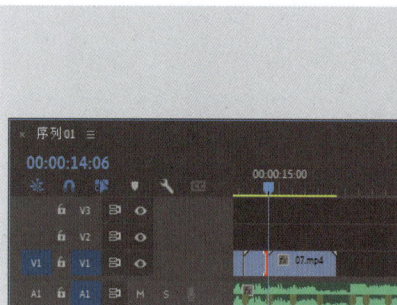

图 5-71

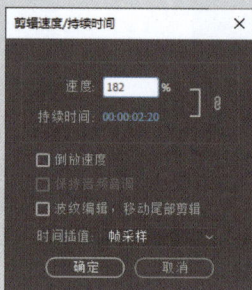

图 5-72

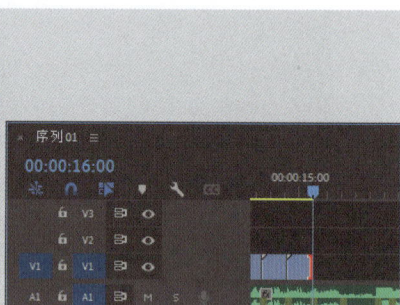

图 5-73

（5）双击"项目"面板中的"08"文件，在"源"面板中打开。将时间标签放置在 00：00：00：07 的位置，按 I 键，标记入点，如图 5-74 所示。选中"源"面板中的"08"文件并将其拖曳到"时间轴"面板中的"V1"轨道上，如图 5-75 所示。

图 5-74

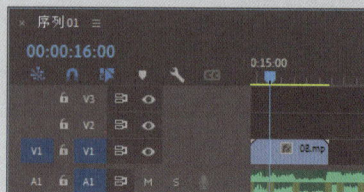

图 5-75

（6）选择"时间轴"面板中的"08"文件。选择"剪辑 > 速度 / 持续时间"命令，在弹出的"剪辑速度 / 持续时间"对话框中进行设置，如图 5-76 所示，单击"确定"按钮。

（7）按 Shift+M 组合键，转到当前时间标签右侧的第 1 个标记位置。选择"剃刀"工具 ，在时间标签处单击以切割素材，如图 5-77 所示。

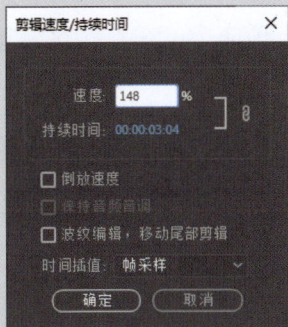

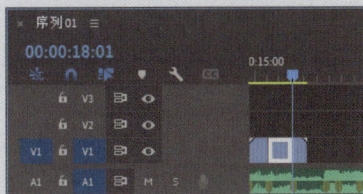

图 5-76   图 5-77

（8）选择"选择"工具 ，选中切割后右侧的素材。按 Ctrl+R 组合键，弹出"剪辑速度 / 持续时间"对话框，设置如图 5-78 所示，单击"确定"按钮，如图 5-79 所示。

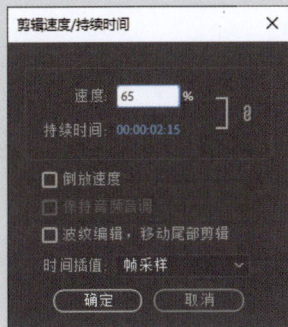

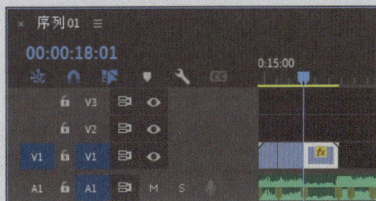

图 5-78   图 5-79

（9）双击"项目"面板中的"09"文件，在"源"面板中打开"09"文件。将时间标签放置在 00：00：00：15 的位置，按 I 键，标记入点，如图 5-80 所示。选中"源"面板中的"09"文件并将其拖曳到"时间轴"面板中的"V1"轨道上，如图 5-81 所示。

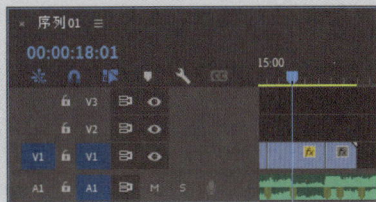

图 5-80   图 5-81

（10）选择"时间轴"面板中的"09"文件。选择"剪辑 > 速度 / 持续时间"命令，在弹出的"剪辑速度 / 持续时间"对话框中进行设置，如图 5-82 所示，单击"确定"按钮。按 3 次 Shift+M 组合键，转到当前时间标签右侧的第 3 个标记位置。将鼠标指针放在"09"文件的结束位置，当鼠标指针呈状时单击，选取编辑点。按 E 键，将所选编辑点扩展到与时间标签齐平的位置，如图 5-83 所示。

短视频制作实战 策划 拍摄 制作 运营（全彩慕课版）（第 3 版）（2021 版）

110

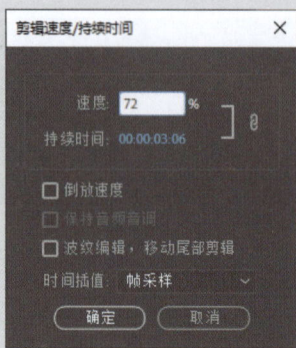

图 5-82

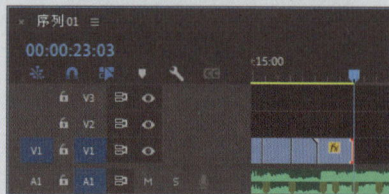

图 5-83

（11）双击"项目"面板中的"10"文件，在"源"面板中打开。将时间标签放置在 00:00:02:09 的位置，按 I 键，标记入点，如图 5-84 所示。选中"源"面板中的"10"文件并将其拖曳到"时间轴"面板中的"V1"轨道上，如图 5-85 所示。

图 5-84

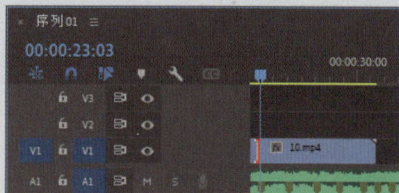

图 5-85

（12）选择"时间轴"面板中的"10"文件。选择"剪辑 > 速度 / 持续时间"命令，在弹出的"剪辑速度 / 持续时间"对话框中进行设置，如图 5-86 所示，单击"确定"按钮。按 Shift+M 组合键，转到当前时间标签右侧的第 1 个标记位置。将鼠标指针放在"10"文件的结束位置，当鼠标指针呈状时单击，选取编辑点。按 E 键，将所选编辑点扩展到与时间标签齐平的位置，如图 5-87 所示。

（13）双击"项目"面板中的"11"文件，在"源"面板中打开。将时间标签放置在 00:00:00:22 的位置，按 I 键，标记入点，如图 5-88 所示。选中"源"面板中的"11"文件并将其拖曳到"时间轴"面板中的"V1"轨道上，如图 5-89 所示。

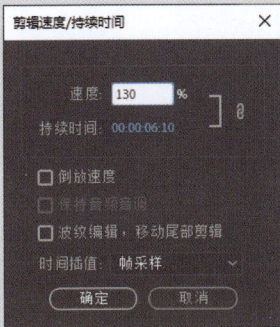

图 5-86

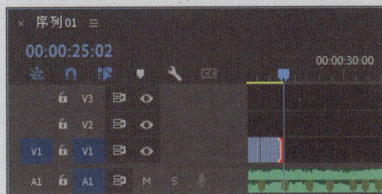

图 5-87

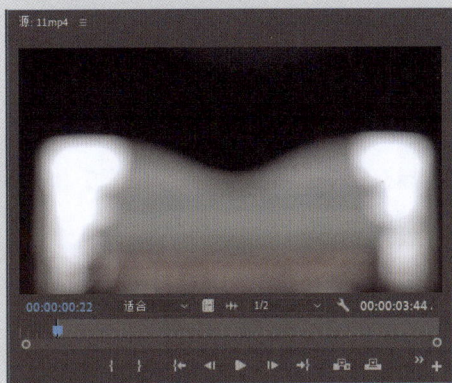

图 5-88

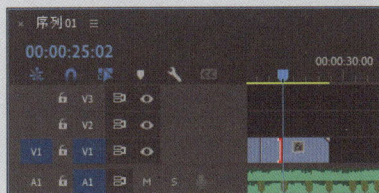

图 5-89

（14）选择"时间轴"面板中的"11"文件。选择"剪辑 > 速度 / 持续时间"命令，在弹出的"剪辑速度 / 持续时间"对话框中进行设置，如图 5-90 所示，单击"确定"按钮。按 Shift+M 组合键，转到当前时间标签右侧的第 1 个标记位置。将鼠标指针放在"11"文件的结束位置，当鼠标指针呈 状时单击，选取编辑点。按 E 键，将所选编辑点扩展到与时间标签齐平的位置，如图 5-91 所示。

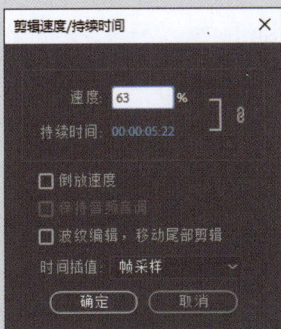

图 5-90

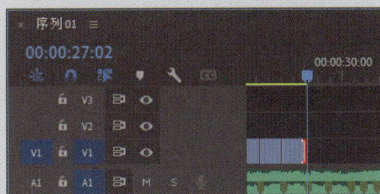

图 5-91

（15）双击"项目"面板中的"12"文件，在"源"面板中打开。将时间标签放置在 00：00：03：02 的位置，按 I 键，标记入点，如图 5-92 所示。选中"源"面板中的"12"文件并将其拖曳到

"时间轴"面板中的"V1"轨道上,如图 5-93 所示。

图 5-92

图 5-93

（16）选择"时间轴"面板中的"12"文件。选择"剪辑 > 速度 / 持续时间"命令,在弹出的"剪辑速度 / 持续时间"对话框中进行设置,如图 5-94 所示,单击"确定"按钮。将时间标签放置在 00:00:27:18 的位置。选择"剃刀"工具,在时间标签处单击以切割素材,如图 5-95 所示。

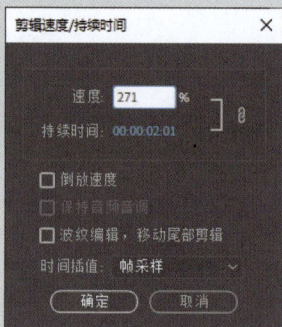

图 5-94

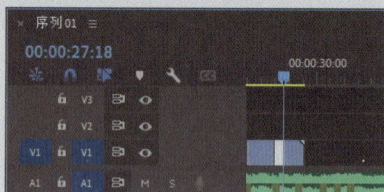

图 5-95

（17）选择"选择"工具,选择切割后右侧的素材。按 Ctrl+R 组合键,弹出"剪辑速度 / 持续时间"对话框,设置如图 5-96 所示,单击"确定"按钮。按 Shift+M 组合键,转到当前时间标签右侧的第 1 个标记位置。将鼠标指针放在"12"文件的结束位置,当鼠标指针呈状时单击,选取编辑点。按 E 键,将所选编辑点扩展到与时间标签齐平的位置,如图 5-97 所示。

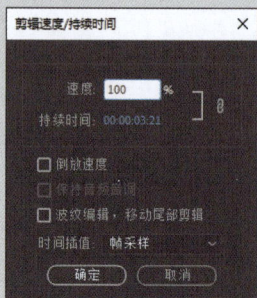

图 5-96

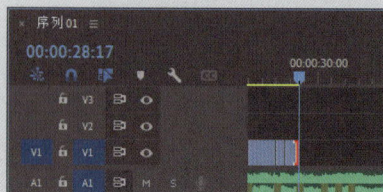

图 5-97

（18）双击"项目"面板中的"13"文件，在"源"面板中打开。将时间标签放置在 00:00:02:12 的位置，按 I 键，标记入点，如图 5-98 所示。选中"源"面板中的"13"文件并将其拖曳到"时间轴"面板中的"V1"轨道上，如图 5-99 所示。

图 5-98

图 5-99

（19）按 Shift+M 组合键，转到当前时间标签右侧的第 1 个标记位置。将鼠标指针放在"13"文件的结束位置，当鼠标指针呈 状时单击，选取编辑点。按 E 键，将所选编辑点扩展到与时间标签齐平的位置，如图 5-100 所示。

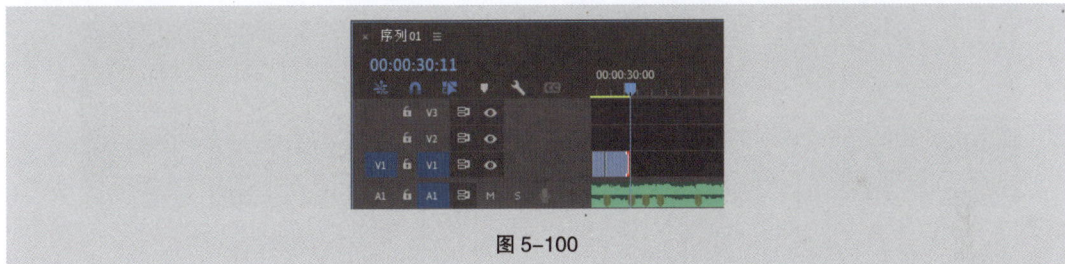

图 5-100

（20）双击"项目"面板中的"14"文件，在"源"面板中打开。将时间标签放置在 00:00:01:03 的位置，按 I 键，标记入点，如图 5-101 所示。选中"源"面板中的"14"文件并将其拖曳到"时间轴"面板中的"V1"轨道上，如图 5-102 所示。

图 5-101

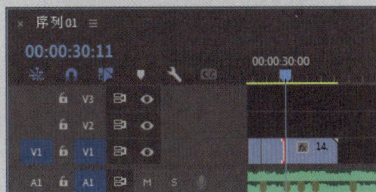

图 5-102

（21）按两次 Shift+M 组合键，转到当前时间标签右侧的第 2 个标记位置。将鼠标指针放在"14"文件的结束位置，当鼠标指针呈◀状时单击，选取编辑点。按 E 键，将所选编辑点扩展到与时间标签齐平的位置，如图 5-103 所示。

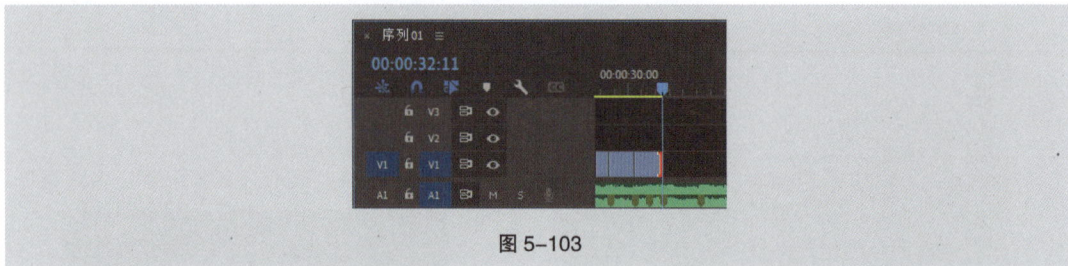

图 5-103

（22）双击"项目"面板中的"15"文件，在"源"面板中打开。将时间标签放置在 00：00：01：09 的位置，按 I 键，标记入点，如图 5-104 所示。选中"源"面板中的"15"文件并将其拖曳到"时间轴"面板中的"V1"轨道上，如图 5-105 所示。

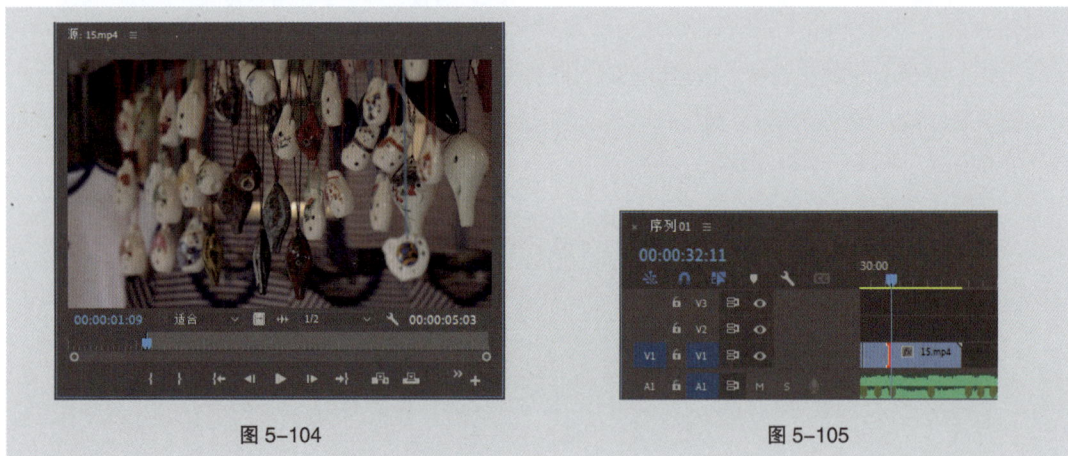

图 5-104

图 5-105

（23）选择"时间轴"面板中的"15"文件。选择"剪辑 > 速度 / 持续时间"命令，在弹出的"剪辑速度 / 持续时间"对话框中进行设置，如图 5-106 所示，单击"确定"按钮。按 Shift+M 组合键，转到当前时间标签右侧的第 1 个标记位置。将鼠标指针放在"15"文件的结束位置，当鼠标指针呈◀状时单击，选取编辑点。按 E 键，将所选编辑点扩展到与时间标签齐平的位置，如图 5-107 所示。

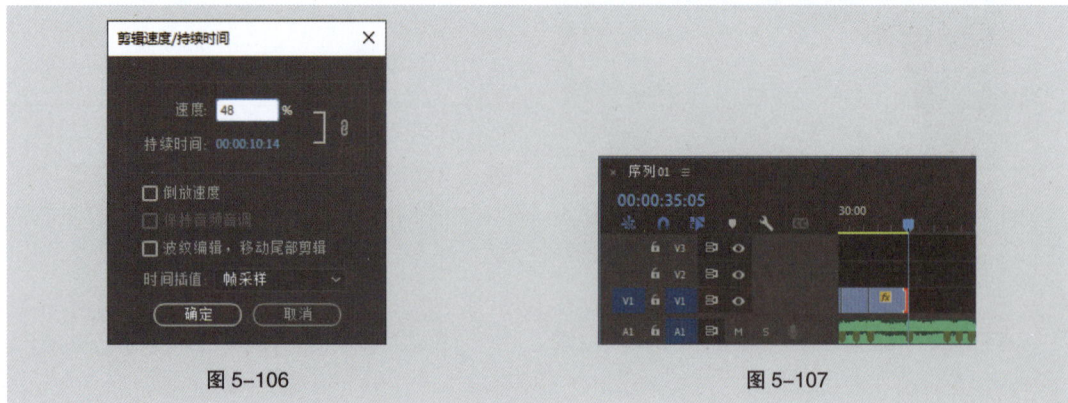

图 5-106

图 5-107

（24）双击"项目"面板中的"16"文件，在"源"面板中打开。将时间标签放置在00:00:00:08的位置，按I键，标记入点，如图5-108所示。选中"源"面板中的"16"文件并将其拖曳到"时间轴"面板中的"V1"轨道上，如图5-109所示。

图5-108

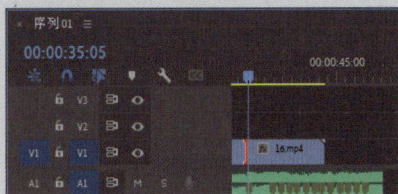

图5-109

（25）选择"时间轴"面板中的"16"文件。选择"剪辑 > 速度 / 持续时间"命令，在弹出的"剪辑速度 / 持续时间"对话框中进行设置，如图5-110所示，单击"确定"按钮。将时间标签放置在00:00:35:22的位置。选择"剃刀"工具 ✎，在时间标签处单击以切割素材，如图5-111所示。

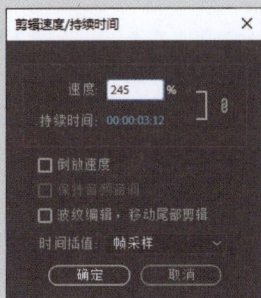

图5-110

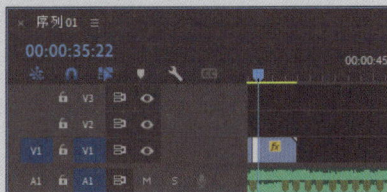

图5-111

（26）选择"选择"工具 ▶，选择切割后右侧的素材。按Ctrl+R组合键，弹出"剪辑速度 / 持续时间"对话框，设置如图5-112所示，单击"确定"按钮。按Shift+M组合键，转到当前时间标签右侧的第1个标记位置。将鼠标指针放在"16"文件的结束位置，当鼠标指针呈◀状时单击，选取编辑点。按E键，将所选编辑点扩展到与时间标签齐平的位置，如图5-113所示。

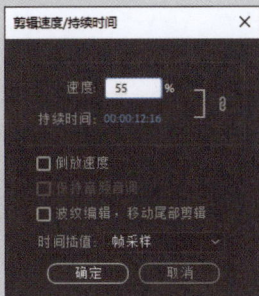

图5-112

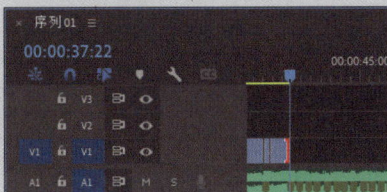

图5-113

（27）双击"项目"面板中的"17"文件，在"源"面板中打开。将时间标签放置在 00：00：03：11 的位置，按 I 键，标记入点，如图 5-114 所示。选中"源"面板中的"17"文件并将其拖曳到"时间轴"面板中的"V1"轨道上，如图 5-115 所示。

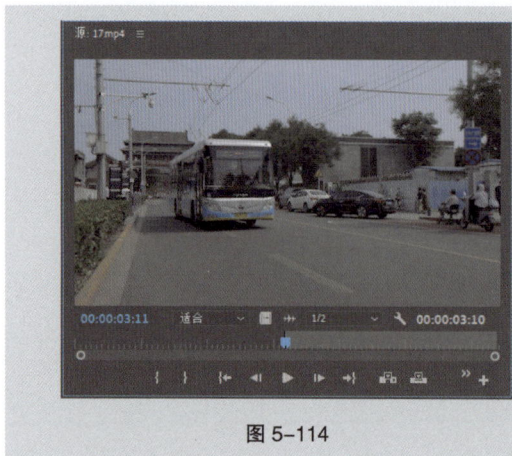

图 5-114

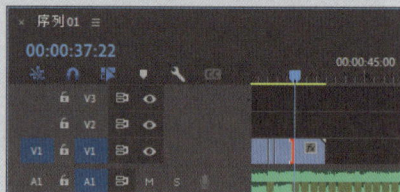

图 5-115

（28）按两次 Shift+M 组合键，转到当前时间标签右侧的第 2 个标记位置。将鼠标指针放在"17"文件的结束位置，当鼠标指针呈 ◄| 状时单击，选取编辑点。按 E 键，将所选编辑点扩展到与时间标签齐平的位置，如图 5-116 所示。

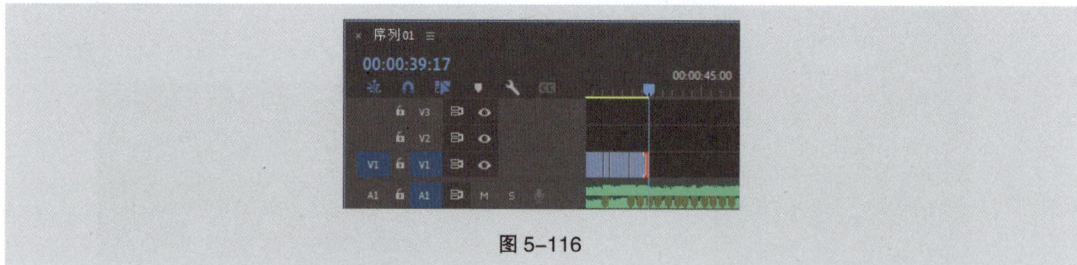

图 5-116

（29）双击"项目"面板中的"18"文件，在"源"面板中打开。将时间标签放置在 00：00：02：04 的位置，按 I 键，标记入点，如图 5-117 所示。选中"源"面板中的"18"文件并将其拖曳到"时间轴"面板中的"V1"轨道上，如图 5-118 所示。

图 5-117

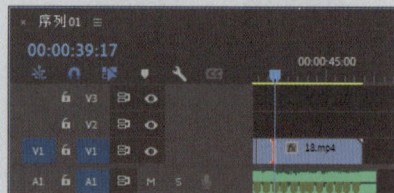

图 5-118

（30）按两次 Shift+M 组合键，转到当前时间标签右侧的第 2 个标记位置。将鼠标指针放在"18"文件的结束位置，当鼠标指针呈 状时单击，选取编辑点。按 E 键，将所选编辑点扩展到与时间标签齐平的位置，如图 5-119 所示。

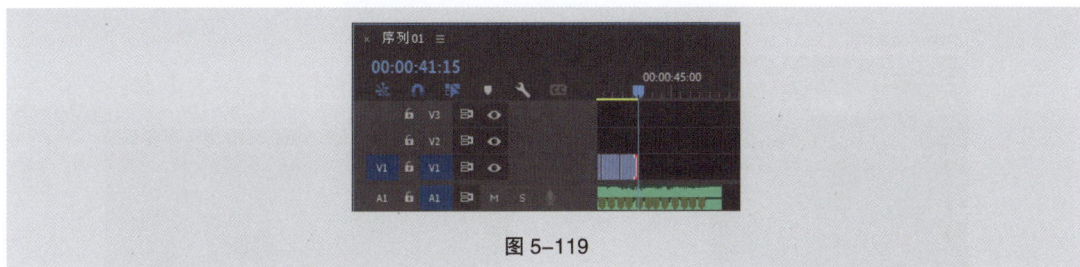

图 5-119

（31）双击"项目"面板中的"19"文件，在"源"面板中打开。将时间标签放置在 00:00:03:18 的位置，按 I 键，标记入点，如图 5-120 所示。选中"源"面板中的"19"文件并将其拖曳到"时间轴"面板中的"V1"轨道上，如图 5-121 所示。

图 5-120

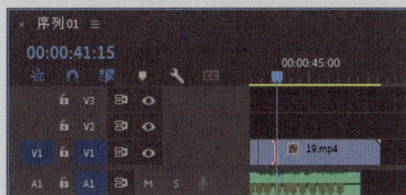

图 5-121

（32）选择"时间轴"面板中的"19"文件。选择"剪辑 > 速度 / 持续时间"命令，在弹出的"剪辑速度 / 持续时间"对话框中进行设置，如图 5-122 所示，单击"确定"按钮。将时间标签放置在 00:00:42:04 的位置。选择"剃刀"工具 ，在时间标签处单击以切割素材，如图 5-123 所示。

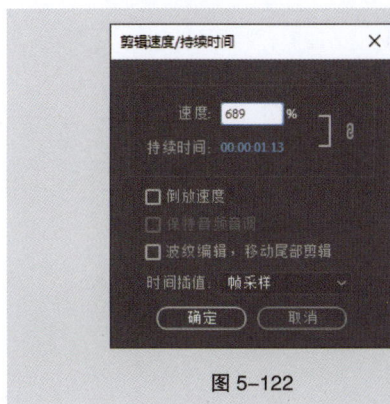

图 5-122

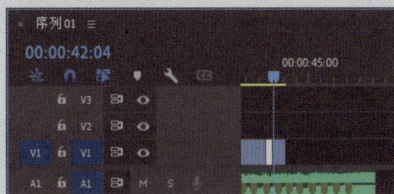

图 5-123

（33）选择"选择"工具 ，选择切割后右侧的素材。按 Ctrl+R 组合键，弹出"剪辑速度 / 持续时间"对话框，设置如图 5-124 所示，单击"确定"按钮。按两次 Shift+M 组合键，转到当前时间标签右侧的第 2 个标记位置。将鼠标指针放在"19"文件的结束位置，当鼠标指针呈◄状时单击，选取编辑点。按 E 键，将所选编辑点扩展到与时间标签齐平的位置，如图 5-125 所示。

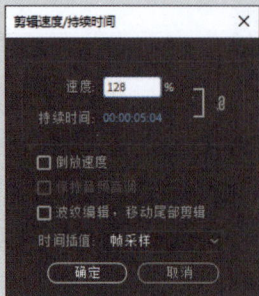

图 5-124

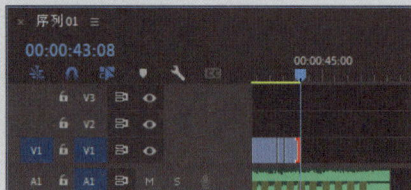

图 5-125

（34）双击"项目"面板中的"20"文件，在"源"面板中打开。将时间标签放置在 00:00:01:06 的位置，按 I 键，标记入点，如图 5-126 所示。选中"源"面板中的"20"文件并将其拖曳到"时间轴"面板中的"V1"轨道上，如图 5-127 所示。

图 5-126

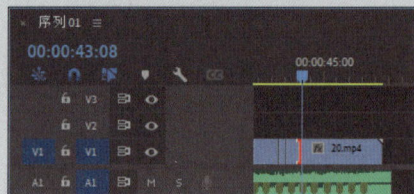

图 5-127

（35）按两次 Shift+M 组合键，转到当前时间标签右侧的第 2 个标记位置。将鼠标指针放在"20"文件的结束位置，当鼠标指针呈◄状时单击，选取编辑点。按 E 键，将所选编辑点扩展到与时间标签齐平的位置，如图 5-128 所示。

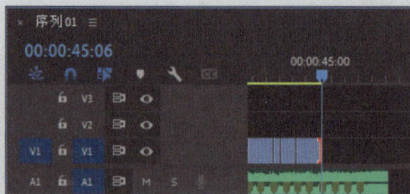

图 5-128

（36）双击"项目"面板中的"21"文件，在"源"面板中打开。将时间标签放置在 00:00:

00:23 的位置，按 I 键，标记入点，如图 5-129 所示。选中"源"面板中的"21"文件并将其拖曳到"时间轴"面板中的"V1"轨道上，如图 5-130 所示。

图 5-129

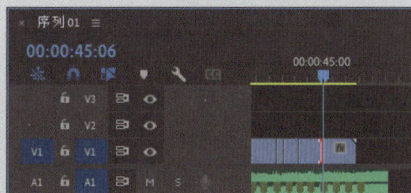

图 5-130

（37）按两次 Shift+M 组合键，转到当前时间标签右侧的第 2 个标记位置。将鼠标指针放在"21"文件的结束位置，当鼠标指针呈 ◀ 状时单击，选取编辑点。按 E 键，将所选编辑点扩展到与时间标签齐平的位置，如图 5-131 所示。

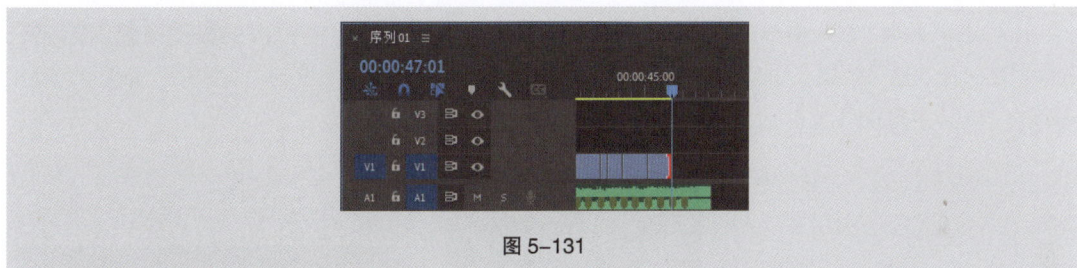

图 5-131

（38）将"项目"面板中的"22"文件拖曳到"时间轴"面板中的"V1"轨道上，如图 5-132 所示。将鼠标指针放在"22"文件的结束位置，当鼠标指针呈 ◀ 状时单击，选取编辑点。将所选编辑点向左拖曳到与"23"文件的结束位置齐平，如图 5-133 所示。

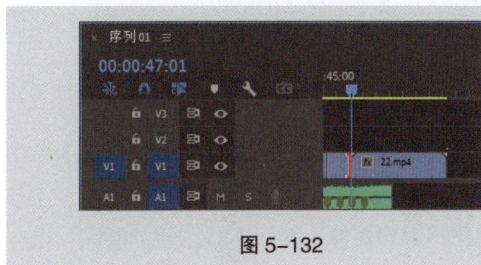

图 5-132

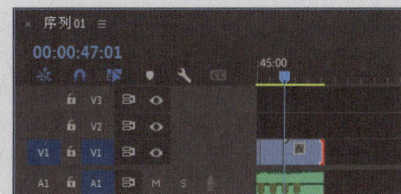

图 5-133

5.2.6 添加效果

（1）将时间标签放置在 00:00:12:11 的位置。在"效果"面板中展开"视频过渡"列表，单击"沉浸式视频"文件夹左侧的展开按钮 ▶ 将其展开，选择"VR 光线"效果，如图 5-134 所示。

（2）将"VR 光线"效果拖曳到"时间轴"面板中"06"文件的开始位置，如图 5-135 所示。

选择"时间轴"面板中的"VR 光线"效果。在"效果控件"面板中将"持续时间"设置为"00：00：01：02"，其他选项的设置如图 5-136 所示。

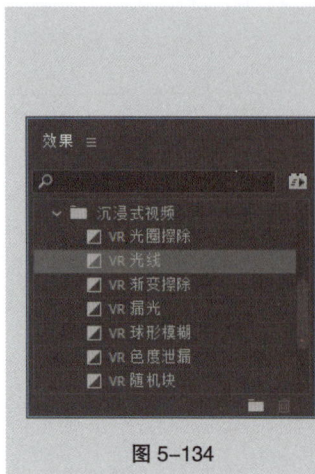
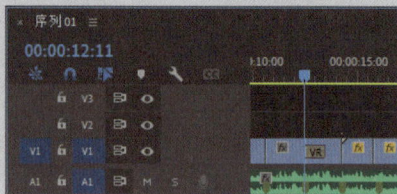
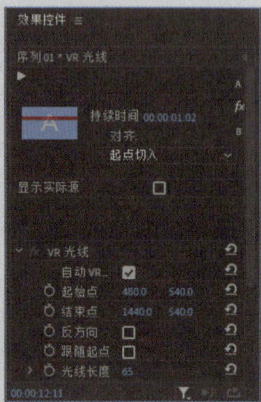

图 5-134   图 5-135   图 5-136

（3）将时间标签放置在 00:00:14:06 的位置。在"时间轴"面板中的"07"文件上单击鼠标右键，在弹出的快捷菜单中选择"嵌套"命令，弹出"嵌套序列名称"对话框，如图 5-137 所示，单击"确定"按钮。

（4）在"效果"面板中展开"视频效果"列表，单击"扭曲"文件夹左侧的展开按钮▶将其展开，选中"变形稳定器"效果，如图 5-138 所示。将"变形稳定器"效果拖曳到"时间轴"面板中"V1"轨道的"嵌套序列 01"文件上，如图 5-139 所示。

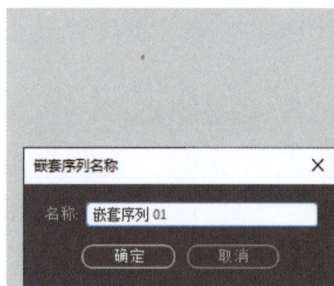
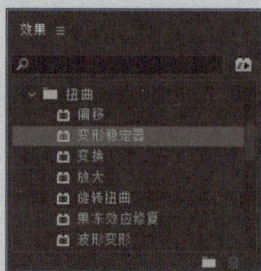
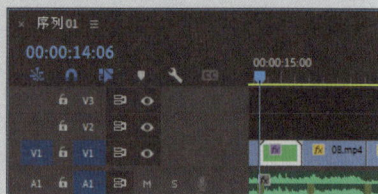

图 5-137   图 5-138   图 5-139

（5）在"效果"面板中展开"视频过渡"列表，单击"溶解"文件夹左侧的展开按钮▶将其展开，选择"黑场过渡"效果，如图 5-140 所示。将"黑场过渡"效果拖曳到"时间轴"面板中"嵌套序列 01"文件的开始位置，如图 5-141 所示。

（6）选择"时间轴"面板中的"黑场过渡"效果。在"效果控件"面板中将"持续时间"设置为"00:00:00:10"、"对齐"设置为"起点切入"，如图 5-142 所示。

（7）将时间标签放置在 00:00:20:03 的位置。在"效果"面板中选择"黑场过渡"效果。将"黑场过渡"效果拖曳到"时间轴"面板中"08"文件的结束位置，如图 5-143 所示。选择"时间轴"面板中的"黑场过渡"效果。在"效果控件"面板中将"持续时间"设置为"00:00:00:05"、"对齐"设置为"终点切入"，如图 5-144 所示。

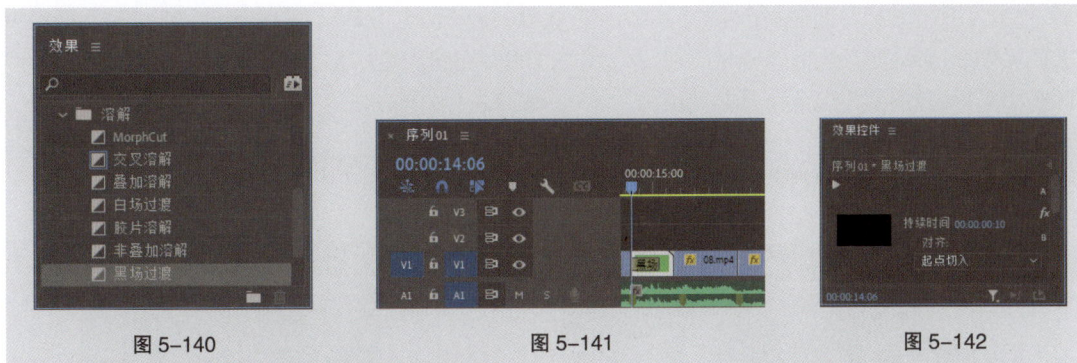

图 5-140　　　　　　　　　　　図 5-141　　　　　　　　　　　图 5-142

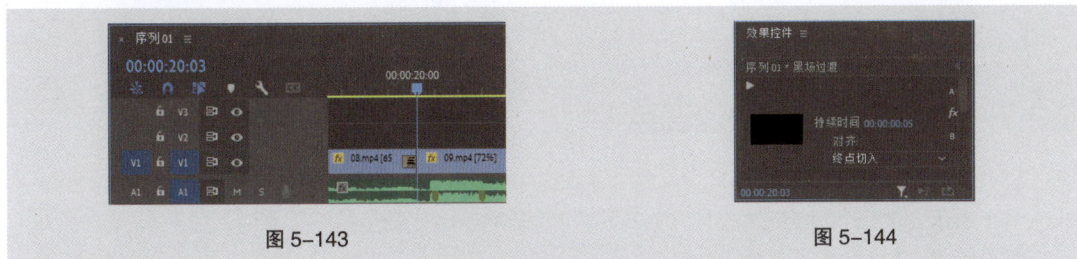

图 5-143　　　　　　　　　　　　　　　图 5-144

（8）将时间标签放置在 00:00:48:00 的位置。在"效果"面板中选择"黑场过渡"效果。将"黑场过渡"效果拖曳到"时间轴"面板中"22"文件的结束位置，如图 5-145 所示。选择"时间轴"面板中的"黑场过渡"效果。在"效果控件"面板中将"持续时间"设置为"00:00:00:10"，如图 5-146 所示。

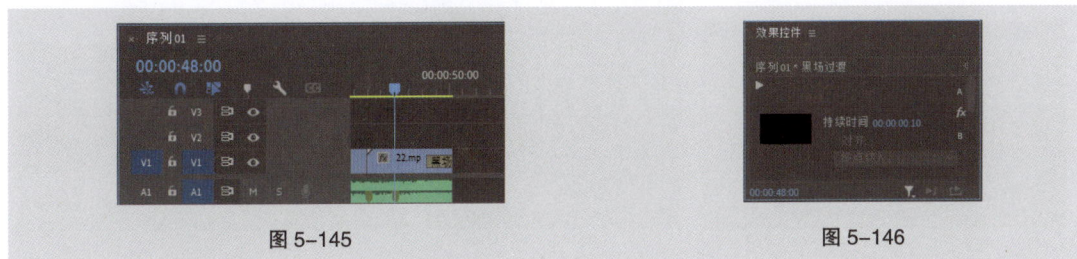

图 5-145　　　　　　　　　　　　　　　图 5-146

（9）在"效果"面板中展开"音频过渡"列表，单击"交叉淡化"文件夹左侧的展开按钮 ❯ 将其展开，选中"恒定功率"效果，如图 5-147 所示。

（10）将"恒定功率"效果拖曳到"时间轴"面板中"23"文件的开始位置，如图 5-148 所示。选择"时间轴"面板中的"恒定功率"效果。在"效果控件"面板中将"持续时间"设置为"00:00:00:15"，如图 5-149 所示。

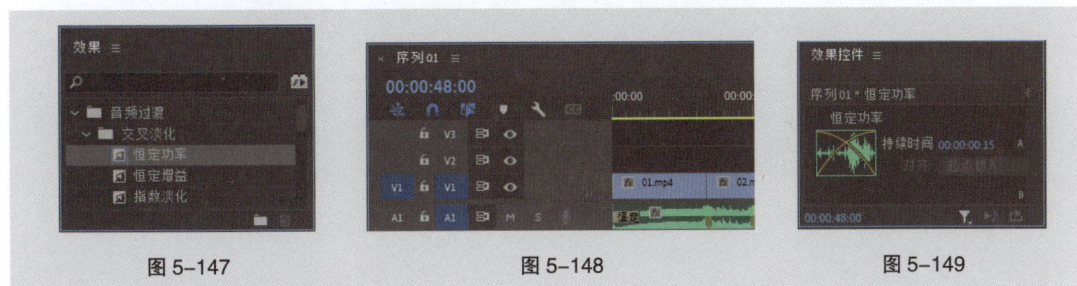

图 5-147　　　　　　　　　　　图 5-148　　　　　　　　　　　图 5-149

（11）在"效果"面板中选中"恒定功率"效果。将"恒定功率"效果拖曳到"时间轴"面板中"23"文件的结束位置，如图5-150所示。选择"时间轴"面板中的"恒定功率"效果。在"效果控件"面板中将"持续时间"设置为"00:00:02:07"，如图5-151所示。

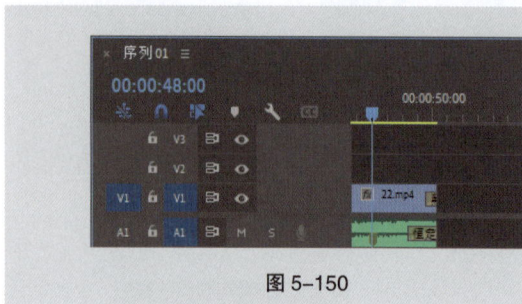

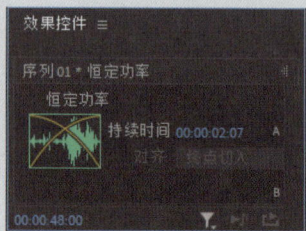

图 5-150   图 5-151

5.2.7 添加调整图层快速调色

（1）选择"项目"面板，选择"文件 > 新建 > 调整图层"命令，弹出"调整图层"对话框，如图5-152所示，单击"确定"按钮，在"项目"面板中新建"调整图层"文件，如图5-153所示。将其拖曳到"时间轴"面板中的"V2"轨道上，如图5-154所示。

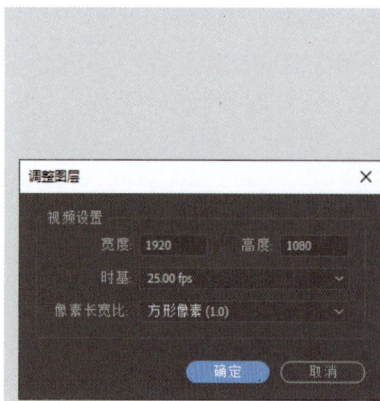

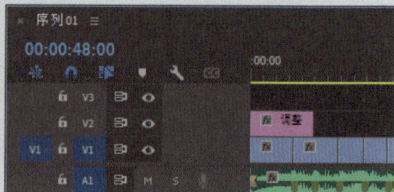

图 5-152   图 5-153   图 5-154

（2）在"V2"轨道上选中"调整图层"文件，将鼠标指针放在"调整图层"文件的结束位置，当鼠标指针呈 状时单击，选取编辑点。将所选编辑点向右拖曳到与"22"文件的结束位置齐平，如图5-155所示。

图 5-155

（3）将时间标签放置在 00:00:00:00 的位置。在"效果"面板中展开"视频效果"列表，单击"颜色校正"文件夹左侧的展开按钮▶将其展开，选中"Lumetri 颜色"效果，如图 5-156 所示。将"Lumetri 颜色"效果拖曳到"时间轴"面板中的"调整图层"文件上。

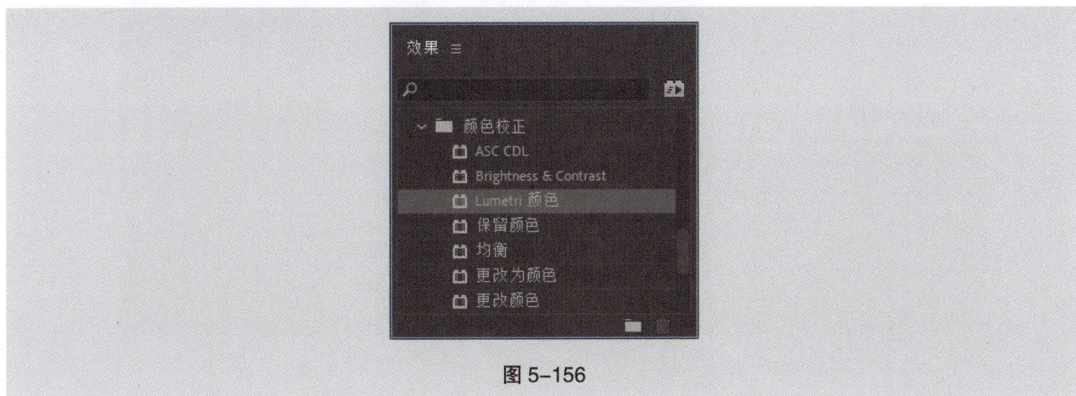

图 5-156

（4）选择"剃刀"工具◆，在与"02""03""07""08""12""13""14""17""18""19""22"文件的开始位置对齐的"调整图层"文件上单击以切割素材，如图 5-157 所示。

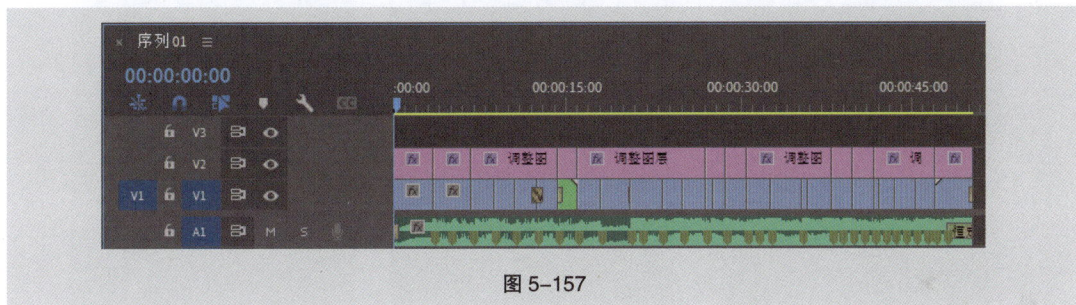

图 5-157

（5）选择"选择"工具▶，按住 Shift 键，选择不需要的"调整图层"文件，按 Delete 键删除，如图 5-158 所示。

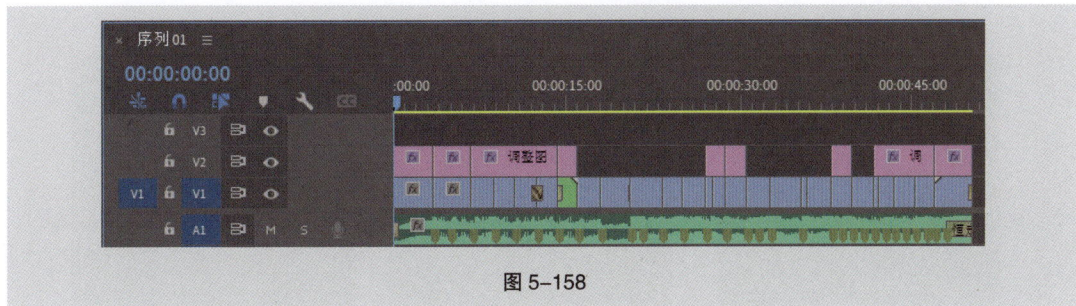

图 5-158

（6）选择"时间轴"面板中的第 1 个"调整图层"文件，如图 5-159 所示。在"效果控件"面板中展开"Lumetri 颜色"效果，参数设置如图 5-160 所示。

（7）依次选择其他"调整图层"文件。在"效果控件"面板中展开"Lumetri 颜色"效果，参数设置依次如图 5-161 ～图 5-168 所示。

短视频制作实战 策划 拍摄 制作 运营（全彩慕课版）（第3版）（2021版）

图 5-159

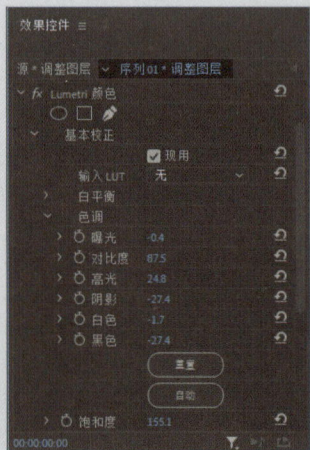

图 5-160

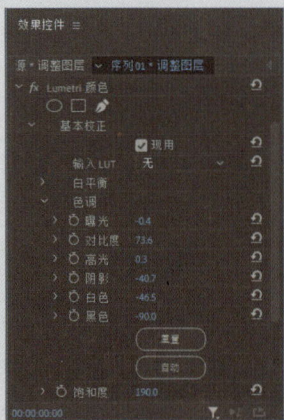

图 5-161

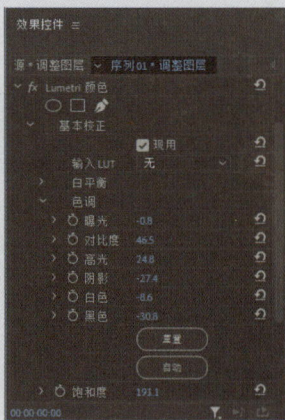

图 5-162

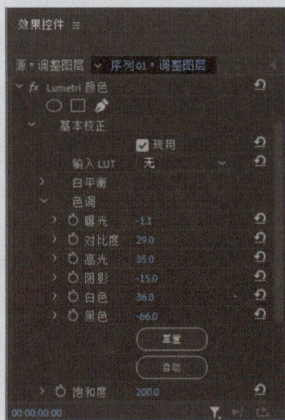

图 5-163

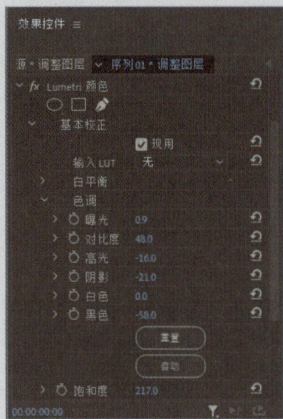

图 5-164

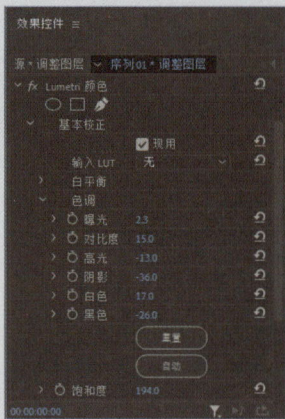

图 5-165

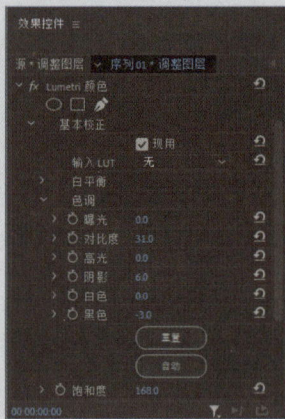

图 5-166

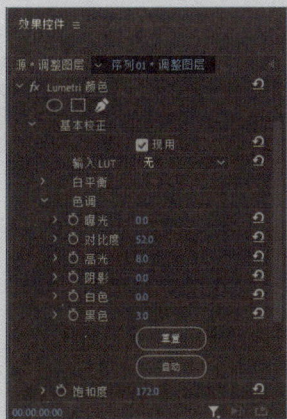

图 5-167

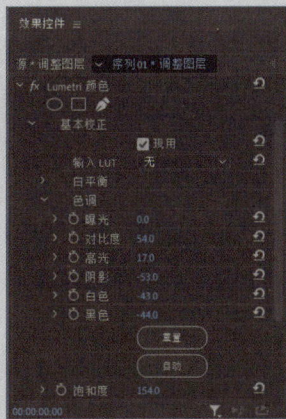

图 5-168

5.2.8 添加标题字幕

（1）将"项目"面板中的"24"文件拖曳到"时间轴"面板的"V3"轨道上，如图 5-169 所示。将鼠标指针放在"24"文件的结束位置，当鼠标指针呈 状时单击，选取编辑点。将编辑点向左拖曳到与"01"文件的结束位置齐平，如图 5-170 所示。

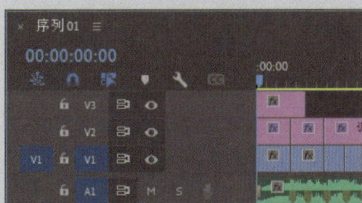

图 5-169

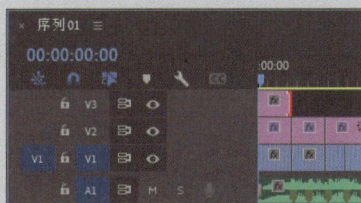

图 5-170

（2）在"效果"面板中展开"预设"列表，单击"模糊"文件夹左侧的展开按钮 将其展开，选择"快速模糊入点"效果，如图 5-171 所示。将"快速模糊入点"效果拖曳到"时间轴"面板中的"24"文件上，如图 5-172 所示。

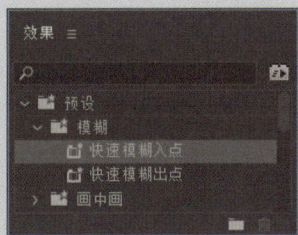

图 5-171

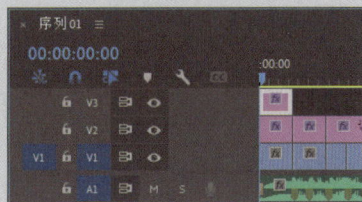

图 5-172

5.2.9 导出视频文件

选择"文件 > 导出 > 媒体"命令，弹出"导出设置"对话框，具体的设置如图 5-173 所示。单击"导出"按钮，导出视频文件。

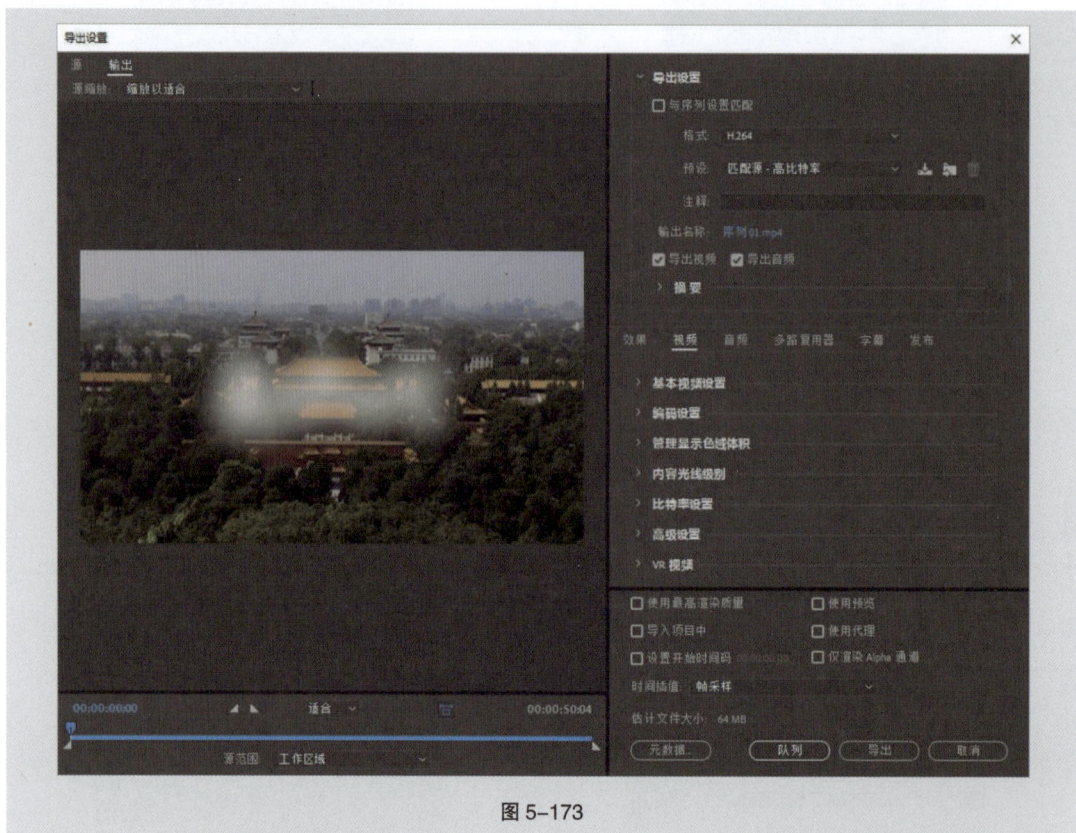

图 5-173

5.3 | 课后任务

1. 任务

以时间为主题，选择相关素材进行创意混剪短视频的制作。

2. 任务要求

短视频时长：1分30秒。

素材数量：不少于20条。

音频要求：选择节奏感强烈的音频。

制作要求：组接每段素材时，必须遵循正确的组接原则。

第6章

宣传短视频

06

▶ 本章介绍

　　本章将详细讲解宣传短视频的拍摄方法和制作技巧。通过对本章的学习，读者能够掌握光的基本性质、表现形式和视频拍摄中的用光技巧，了解收音设备及其使用技巧，为视频的后期处理打下坚实的基础。

知识目标

- 掌握光的基本性质和表现形式。
- 掌握视频拍摄中的用光技巧。
- 了解收音设备及其使用技巧。
- 熟练掌握宣传短视频的制作方法。

慕课视频

第 6 章 宣传短视频

技能目标

- 能够运用所学知识拍摄宣传短视频。
- 掌握"博物馆"短视频的制作方法。

素质目标

- 培养运用逻辑思维研究问题的能力。
- 培养不断实践和积极探索的能力。

在拍摄宣传短视频时要注意光影表现和用光技巧，收音设备也要根据具体情况进行选择。本节将对这些内容进行具体介绍，为后期进行短视频的处理提供帮助。

6.1.1 视频拍摄中的光

在视频拍摄的过程中，正确地理解和表现光影变化是必不可少的。光与影不同程度的组合和造型可以传达拍摄者不同的思想和情感，构成精彩绚丽的画面，展现出视频独特的魅力。

1. 光的基本性质和表现形式

不同的拍摄主题需要使用不同的光，从而达到不同的画面效果。一个合格的拍摄者需要了解视频拍摄中光的基本性质和表现形式。

视频拍摄中的光可以来自以被摄主体为中心的三维空间中的任意方向，一般包括顺光、逆光、侧光、前侧光（侧顺光）、侧逆光、顶光、底光等。在自然光条件下，太阳是主要光源，太阳的照射方向与拍摄方向所形成的角度决定了光位，如图 6-1 所示。

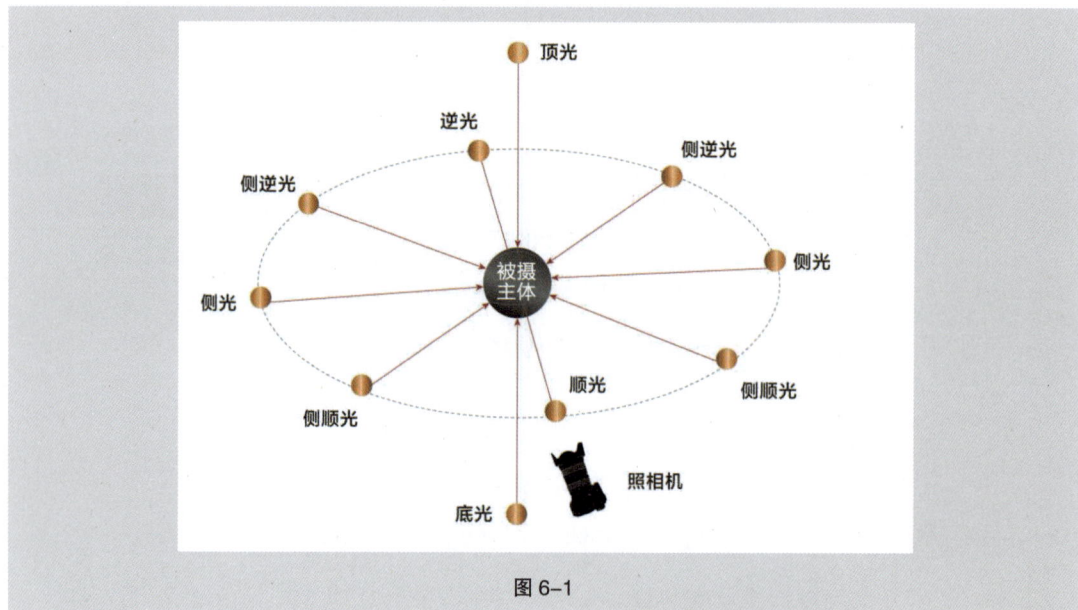

图 6-1

（1）顺光

顺光是指照射方向与拍摄方向一致的光线。在顺光环境下，被摄主体面向镜头的一面被照亮，受光面不会产生阴影，被摄主体的色彩以及形态等细节特征都可以得到很好的表现，如图 6-2 所示。顺光适用于拍摄色彩艳丽的自然风光。

顺光拍摄会使主体没有明显的明暗变化，画面缺乏层次感和立体感，略显平淡，如图 6-3 和图 6-4 所示。

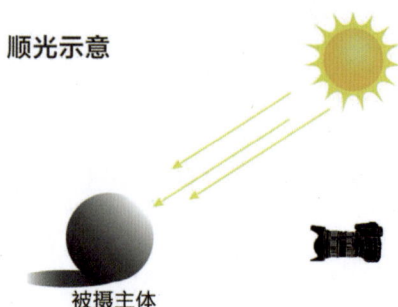

顺光示意

图 6-2

图 6-3

图 6-4

（2）逆光

逆光是指从被摄主体的正后方照射过来的光线，如图 6-5 所示。在逆光环境下，由于被摄主体的正面几乎全部背光，受光面与背光面很容易形成强烈的明暗反差。逆光拍摄很容易出现曝光不足的问题，难以体现被摄主体表面的色彩等细节特征。

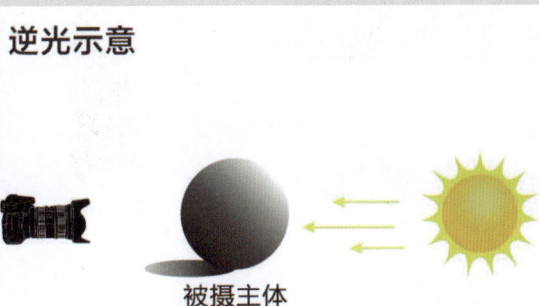

图 6-5

要想在逆光环境下拍摄出精彩的画面，可以利用其他辅助设备对画面的亮部区域测光，通过降低被摄主体的整体亮度，得到被摄主体的剪影，如图 6-6 和图 6-7 所示。

图 6-6

图 6-7

（3）侧光

侧光是指来自被摄主体正左侧或正右侧的光线，并且光线的照射方向与摄像设备的拍摄方向呈 90° 左右，如图 6-8 所示。在侧光环境下，被摄主体可以产生明显的明暗对比效果，画面非常有质感。侧光适用于拍摄层次分明、具有较强立体感的画面。

图 6-8

侧光拍摄时，被摄主体的受光面会非常清晰，背光面处于阴影中，如图 6-9 和图 6-10 所示。

图 6-9

图 6-10

（4）前侧光（侧顺光）

前侧光是指来自被摄主体正面偏左侧或偏右侧的光线，并且光线的照射方向与摄像设备的拍摄方向大致呈 45°，也称 45° 侧光，如图 6-11 所示。在前侧光环境下，被摄主体朝向镜头的一面大面积受光，而局部的背光面会产生阴影，这符合我们的视觉习惯。前侧光适用于拍摄建筑、人像、花卉等题材。

图 6-11

使用前侧光拍摄的视频，可以展现被摄主体受光面的色彩、形态等细节特征，背光面与受光面形成明暗反差，从而增强画面的立体感，使画面不显平淡，如图 6-12 和图 6-13 所示。

图 6-12

图 6-13

（5）侧逆光

侧逆光是指从被摄主体的后面照射过来的光线，并且光线的照射方向与摄像设备的拍摄方向呈120°～150°，如图 6-14 所示。在侧逆光环境下，被摄主体的受光面在画面中只会占小部分，背光面占大部分，被摄主体的轮廓在画面中有较好的表现。

使用侧逆光拍摄的视频，由于主体只有一小部分受光面，因此画面中的明暗对比不会像逆光拍摄的那样强烈，亮部还是可以展现出被摄主体的一些特征，画面表现得非常神秘，充满故事色彩，如图 6-15 所示。

图 6-14

图 6-15

（6）顶光

顶光是指从被摄主体的顶部向被摄主体照射过来的光线，并且光线的照射方向与摄像设备的拍摄方向呈 90° 左右，如图 6-16 所示。在顶光环境下，被摄主体的顶部特征会表现出来，而其他区域则处于阴影中，因此，顶光在拍摄中应用得较少。顶光适用于拍摄需要表现被摄主体顶部细节的画面，如图 6-17 所示。

（7）底光

底光是指从被摄主体的下方向被摄主体照射过来的光线，也称脚光，如图 6-18 所示。在底光环境下拍摄出来的视频一般会给人神秘、阴森和诡异的感觉。底光应用较少，多用作舞台剧、戏剧的照明光线，广场上的地灯、低角度的反光板等也具有底光效果，如图 6-19 所示。

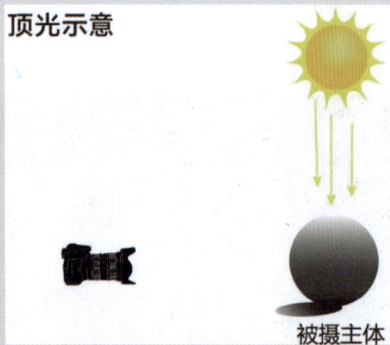

顶光示意

被摄主体

图 6-16

图 6-17

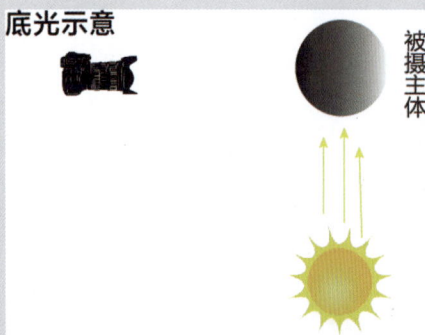

底光示意

被摄主体

图 6-18

图 6-19

2. 视频拍摄中的用光技巧

在宣传短视频的拍摄中，画面的影调取决于影像的风格，所以极少使用纪录片式的用光方法和戏剧性的光效。在拍摄中为了保证宣传短视频中产品形象的辨识度及画面的美感，以及防止出现曝光不足或曝光过度的现象，多采用顺光或前侧光进行拍摄，极少采用逆光、底光和顶光进行拍摄。

外景拍摄是宣传短视频非常常用的拍摄方式，一般会遵循三大拍摄用光原则。一是确定宣传短视频画面的视觉基调，恰当地为画面中的对象选择特定的光线，为宣传短视频渲染气氛、增强艺术感染力。二是正确选择自然光投射的时间、方向和角度。三是当自然光不够充足时，应选择便捷的人工光源来适当补光，以满足宣传短视频在拍摄技术条件上的需要和艺术上的追求。

6.1.2　收音设备及其使用技巧

声画结合是宣传短视频制作的核心目的之一，本小节将针对宣传短视频的收音，介绍几种收音设备及其使用技巧。

1. 摄像设备

摄像设备能同时获得声音和画面，是相对比较简便的收音方式，如图6-20所示。但其指向性较差，对环境中所有的声音都进行了录制，音质差、收音范围广、杂音多且有距离感，所以声音的可用性比不上专业的录音设备。

摄像设备除了适用于拍摄宣传短视频，还适用于拍摄美食类、现场事件纪实类、活动场面类、旅行类等视频。

图 6-20

2. 领夹式话筒

领夹式话筒也称"小蜜蜂"，可以放在收音对象的身上进行收音，其因体积小、灵敏度高、噪声少、可承受高分贝的声压级而不失真等特点被广泛应用，常见的领夹式话筒如图 6-21 所示。领夹式话筒一般分为有线领夹式话筒和无线领夹式话筒两种，目前市面上多为无线领夹式话筒。无线领夹式话筒套装主要包括一个微型领夹式话筒、一个腰包式发射器和一个接收机。无线领夹式话筒最大的缺点是电池的续航性差，电量不足时会有噪声产生。

无线领夹式话筒除了适用于宣传短视频收音外，还适用于在采访、会议讲话、课程录制、产品介绍等情境下进行收音。

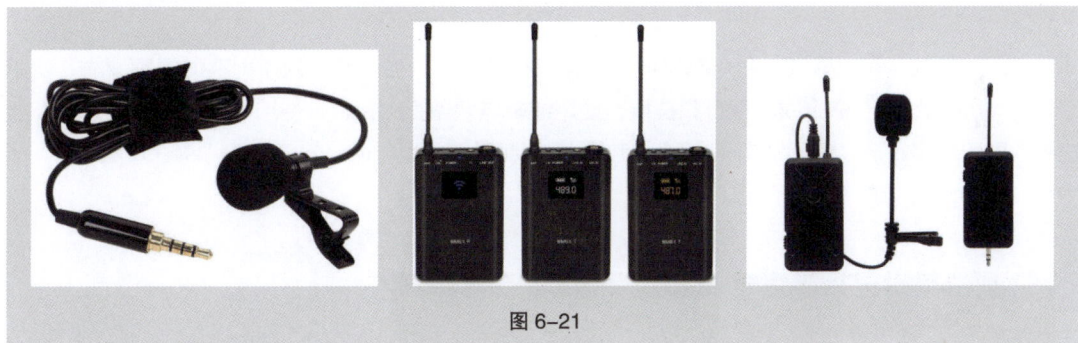

图 6-21

3. 指向型热靴话筒

指向型热靴话筒也称枪式话筒，如图 6-22 所示。只需将该话筒对准声源即可收音，其指向性强，能与环境声分层，突出指向位置的声音。该话筒最大的缺点是会收到一堆背景噪声。

指向型热靴话筒除了适用于宣传短视频收音外，还适用于在活动现场记录、纪录片制作、宣传活动纪实、旅行 Vlog 拍摄等情境下进行收音。

4. H6、H4 录音机

H6、H4 录音机在用于收音之前要设置声音的参数，设置好后，使其靠近收音对象并控制开关即可进行收音。H6、H4 录音机如图 6-23 所示。

H6、H4 录音机除了适用于宣传短视频收音外，还适用于微电影、宣传片收音。

图 6-22

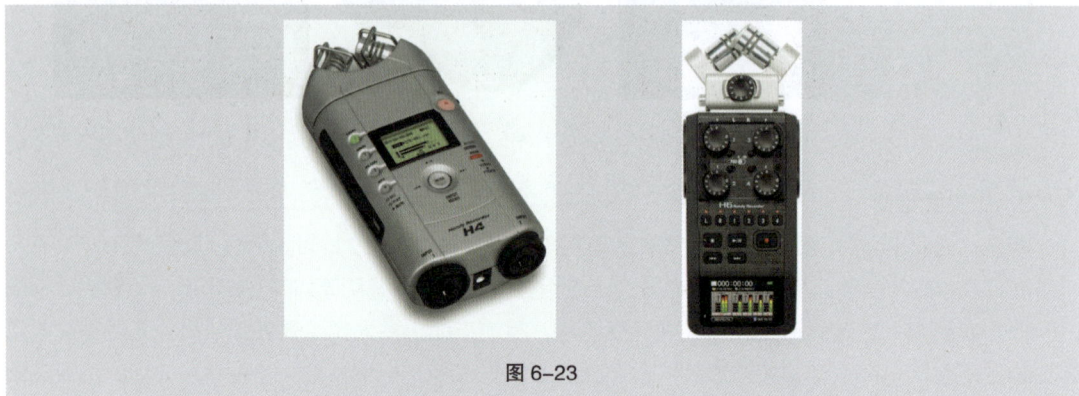

图 6-23

6.2 制作期——制作"博物馆"短视频

　　使用"新建"和"导入"命令新建项目并导入视频素材，通过拖曳为序列匹配视频素材，使用"剪辑 > 取消链接"命令取消视音频链接，使用编辑点调整视频素材，使用"效果"面板添加视频过渡效果和视频效果，使用"效果控件"面板编辑视频过渡效果。最终效果参看"Ch06\ 博物馆 \ 博物馆 .prproj"，如图 6-24 所示。

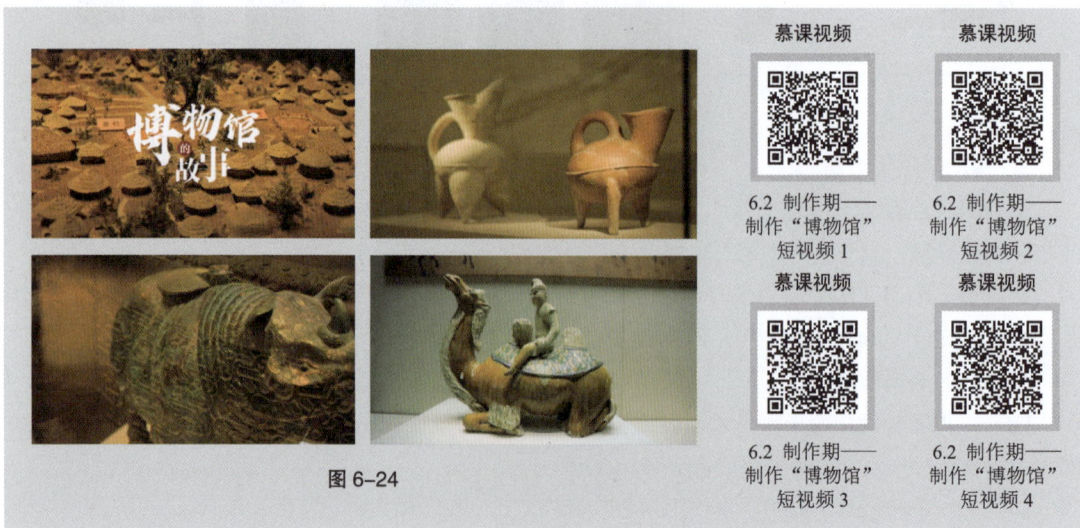

图 6-24

慕课视频

6.2 制作期——
制作"博物馆"
短视频 1

慕课视频

6.2 制作期——
制作"博物馆"
短视频 2

慕课视频

6.2 制作期——
制作"博物馆"
短视频 3

慕课视频

6.2 制作期——
制作"博物馆"
短视频 4

6.2.1 新建项目并导入素材

（1）启动 Premiere Pro 2021，选择"文件 > 新建 > 项目"命令，弹出"新建项目"对话框，如图 6-25 所示，单击"确定"按钮，新建项目。选择"文件 > 新建 > 序列"命令，弹出"新建序列"对话框，选择"设置"选项卡，设置如图 6-26 所示，单击"确定"按钮，新建序列。

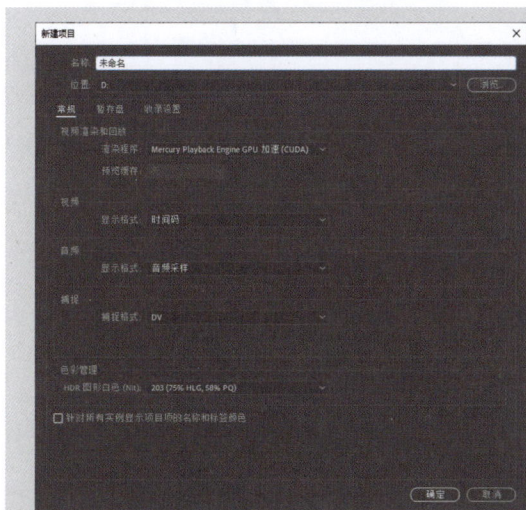

图 6-25

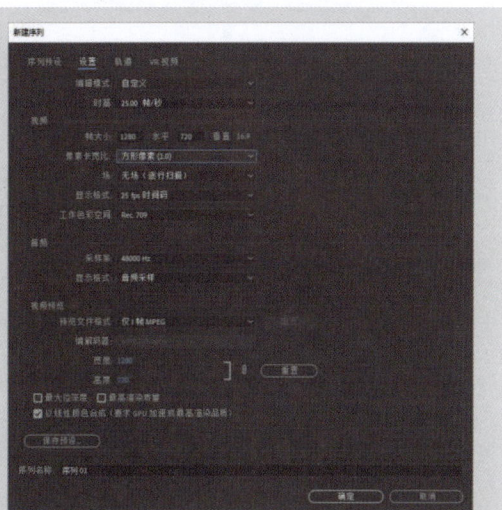

图 6-26

（2）选择"文件 > 导入"命令，弹出"导入"对话框，选择"Ch06\ 博物馆 \ 素材 \01 ～ 29"文件，如图 6-27 所示，单击"打开"按钮，将视频文件导入"项目"面板，如图 6-28 所示。

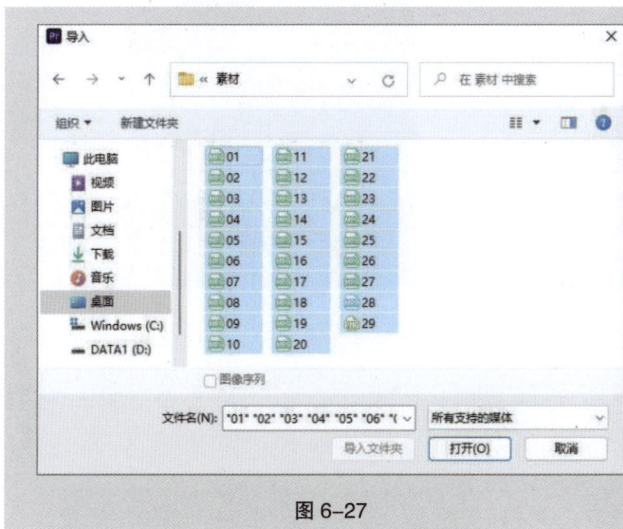

图 6-27

图 6-28

6.2.2 剪辑并调整视频素材

（1）将"项目"面板中的"01"文件拖曳到"时间轴"面板中的"V1"轨道上，如图 6-29 所示。选中"时间轴"面板中的"01"文件。选择"剪辑 > 取消链接"命令，取消视音频链接，如图 6-30 所示。

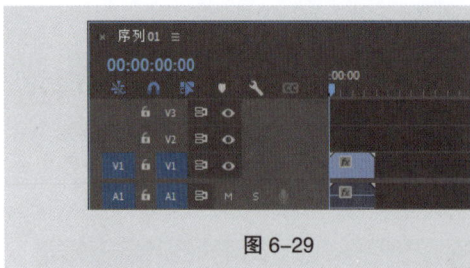

图 6-29

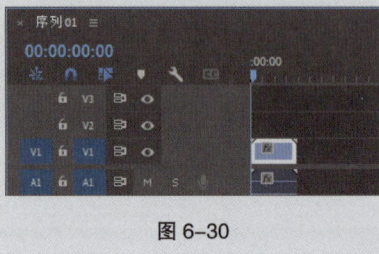

图 6-30

（2）选中"时间轴"面板中"A1"轨道上的音频文件，如图 6-31 所示。按 Delete 键删除，如图 6-32 所示。

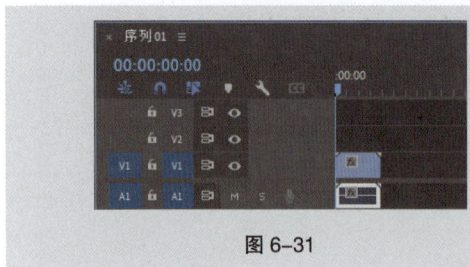

图 6-31

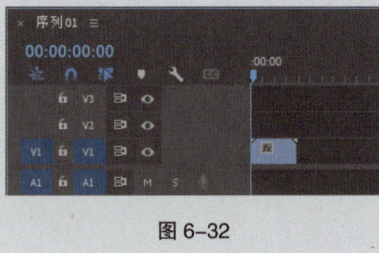

图 6-32

（3）单击音频轨道左侧的音频标签，如图 6-33 所示，激活音频内容，覆盖插入的音频。选择"时间轴"面板中的"01"文件，按 Ctrl+R 组合键，弹出"剪辑速度/持续时间"对话框，设置如图 6-34 所示，单击"确定"按钮。

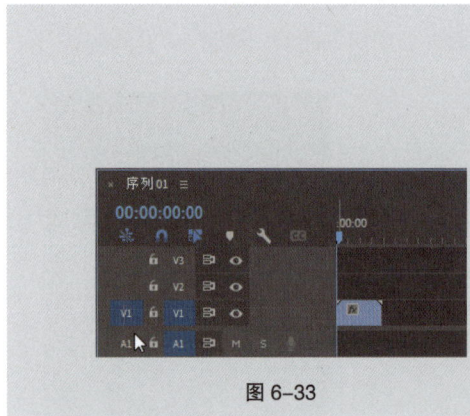

图 6-33

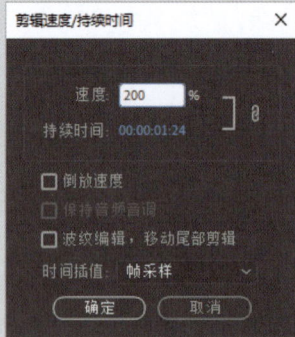

图 6-34

（4）将时间标签放置在 00:00:01:06 的位置，如图 6-35 所示。将鼠标指针放在"01"文件的结束位置，当鼠标指针呈 ◄┃ 状时单击并向左拖曳到 00:00:01:06 的位置，如图 6-36 所示。

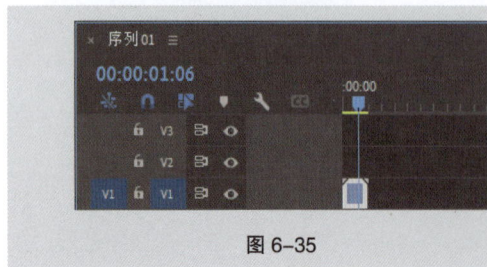

图 6-35

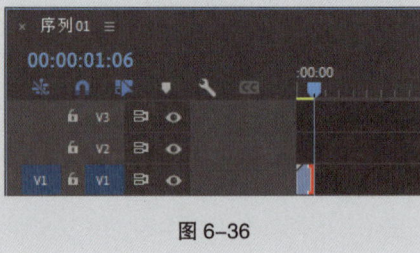

图 6-36

（5）将"项目"面板中的"02"文件拖曳到"时间轴"面板中的"V1"轨道上，如图6-37所示。选择"时间轴"面板中的"02"文件，按Ctrl+R组合键，弹出"剪辑速度/持续时间"对话框，设置如图6-38所示，单击"确定"按钮。将时间标签放置在00:00:02:07的位置，将鼠标指针放在"02"文件的结束位置，当鼠标指针呈◀状时单击并向左拖曳到00:00:02:07的位置，如图6-39所示。

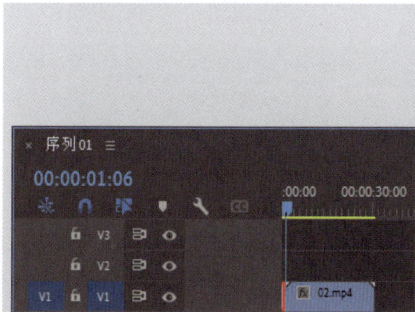
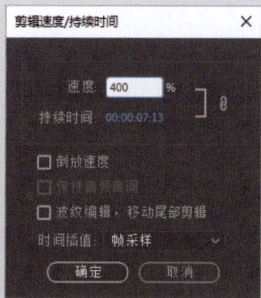

图6-37   图6-38   图6-39

（6）将"项目"面板中的"03"文件拖曳到"时间轴"面板中的"V1"轨道上，如图6-40所示。选择"时间轴"面板中的"03"文件，按Ctrl+R组合键，弹出"剪辑速度/持续时间"对话框，设置如图6-41所示，单击"确定"按钮。

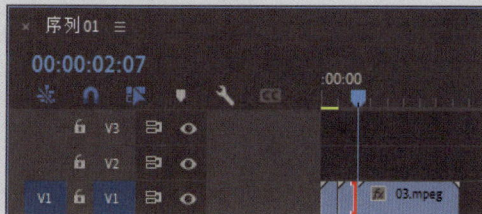
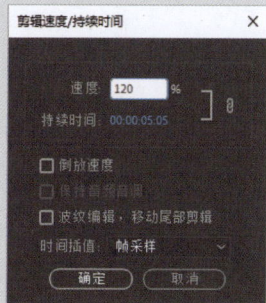

图6-40   图6-41

（7）将时间标签放置在00:00:02:12的位置，如图6-42所示。将"项目"面板中的"29"文件拖曳到"时间轴"面板中的"V2"轨道上，如图6-43所示。

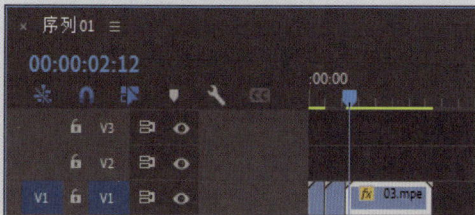
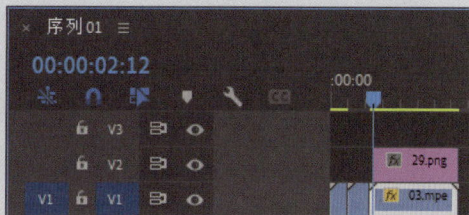

图6-42   图6-43

（8）将"项目"面板中的"04"文件拖曳到"时间轴"面板中的"V1"轨道上，如图6-44所示。选择"时间轴"面板中的"04"文件，按Ctrl+R组合键，弹出"剪辑速度/持续时间"对话框，设置如图6-45所示，单击"确定"按钮。

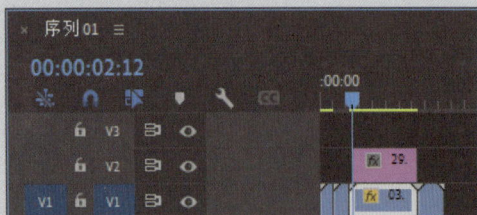

图 6-44

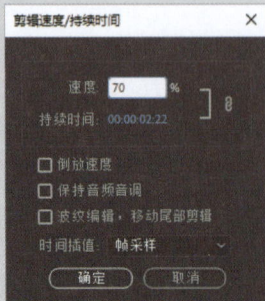

图 6-45

（9）将"项目"面板中的"05"文件拖曳到"时间轴"面板中的"V1"轨道上，如图 6-46 所示。选择"时间轴"面板中的"05"文件，按 Ctrl+R 组合键，弹出"剪辑速度 / 持续时间"对话框，设置如图 6-47 所示，单击"确定"按钮。

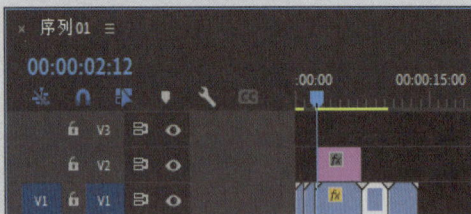

图 6-46

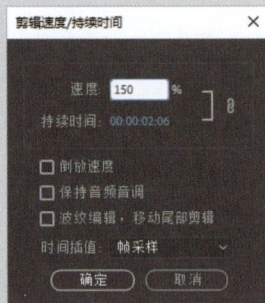

图 6-47

（10）将"项目"面板中的"06"文件拖曳到"时间轴"面板中的"V1"轨道上，如图 6-48 所示。选择"时间轴"面板中的"06"文件，按 Ctrl+R 组合键，弹出"剪辑速度 / 持续时间"对话框，设置如图 6-49 所示，单击"确定"按钮。

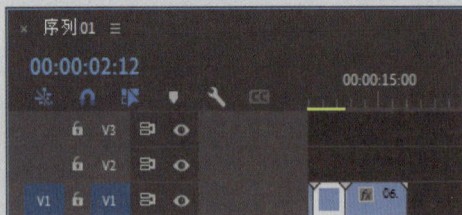

图 6-48

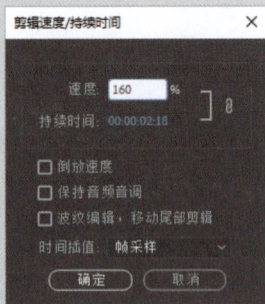

图 6-49

（11）将"项目"面板中的"07"文件拖曳到"时间轴"面板中的"V1"轨道上，如图 6-50 所示。将时间标签放置在 00:00:17:20 的位置，将鼠标指针放在"07"文件的结束位置，当鼠标指针呈 状时单击并向左拖曳到 00:00:17:20 的位置，如图 6-51 所示。

短视频制作实战 策划 拍摄 制作 运营（全彩慕课版）（第3版）（2021版）

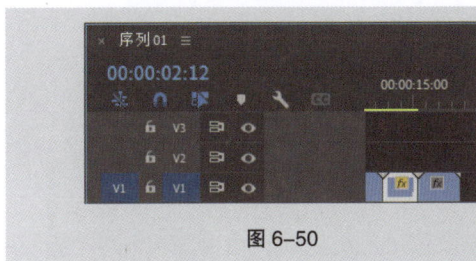

图 6-50

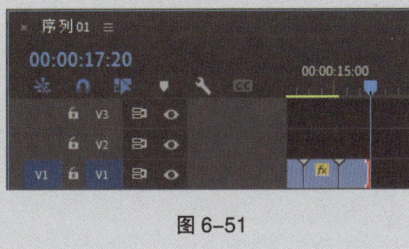

图 6-51

（12）将"项目"面板中的"08"文件拖曳到"时间轴"面板中的"V1"轨道上，如图 6-52 所示。将时间标签放置在 00:00:20:02 的位置，将鼠标指针放在"08"文件的结束位置，当鼠标指针呈 ◀ 状时单击并向左拖曳到 00:00:20:02 的位置，如图 6-53 所示。

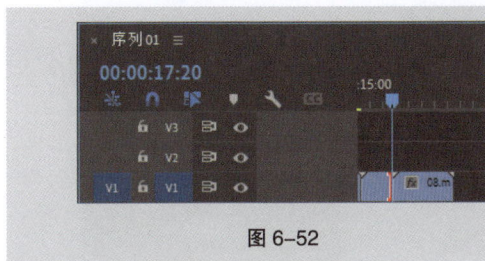

图 6-52

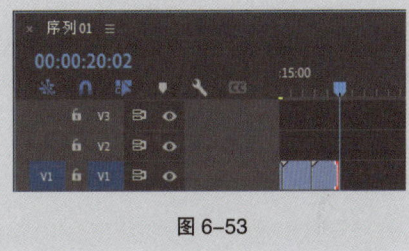

图 6-53

（13）将"项目"面板中的"09"文件拖曳到"时间轴"面板中的"V1"轨道上，如图 6-54 所示。选择"时间轴"面板中的"09"文件，按 Ctrl+R 组合键，弹出"剪辑速度 / 持续时间"对话框，设置如图 6-55 所示，单击"确定"按钮。

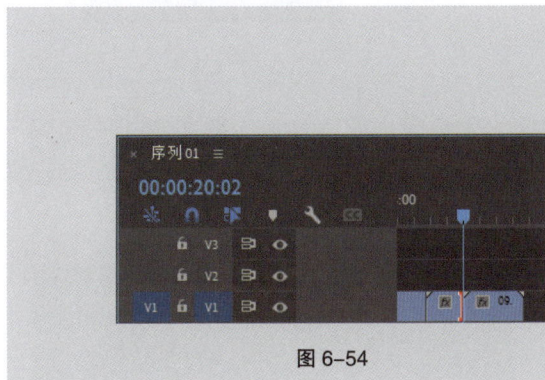

图 6-54

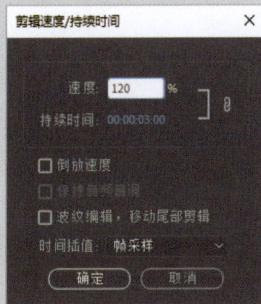

图 6-55

（14）将"项目"面板中的"10"文件拖曳到"时间轴"面板中的"V1"轨道上，如图 6-56 所示。将时间标签放置在 00:00:25:01 的位置，将鼠标指针放在"10"文件的结束位置，当鼠标指针呈 ◀ 状时单击并向左拖曳到 00:00:25:01 的位置，如图 6-57 所示。

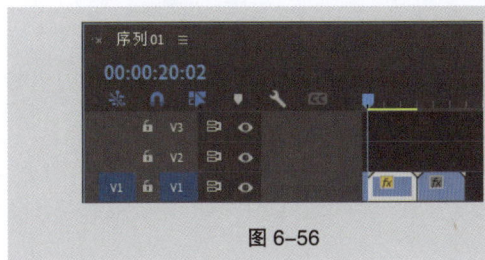

图 6-56

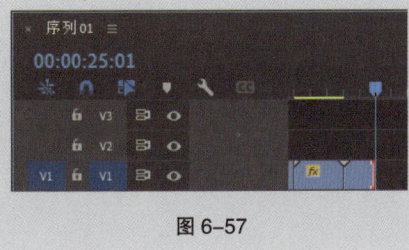

图 6-57

（15）将"项目"面板中的"11"文件拖曳到"时间轴"面板中的"V1"轨道上，如图6-58所示。将时间标签放置在00:00:28:17的位置，选择"剃刀"工具🔪，在时间标签处单击以切割素材，如图6-59所示。

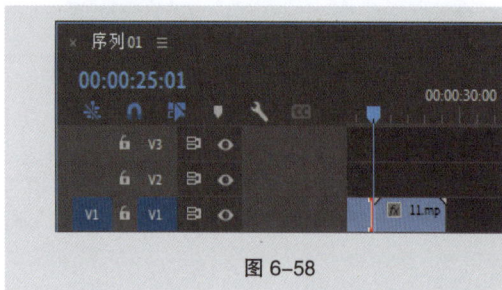

图6-58

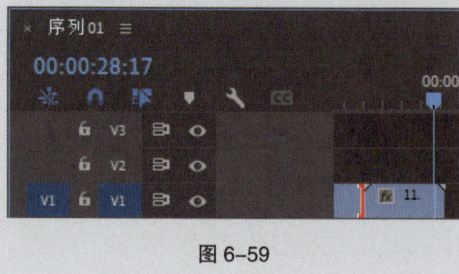

图6-59

（16）选择"选择"工具▶，选择切割后左侧的素材，如图6-60所示。按Ctrl+R组合键，弹出"剪辑速度/持续时间"对话框，设置如图6-61所示，单击"确定"按钮。

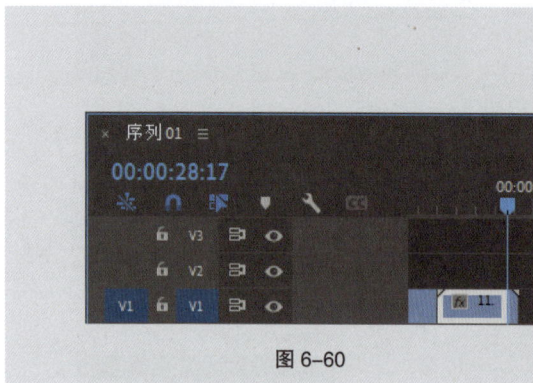

图6-60

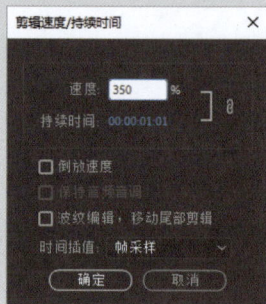

图6-61

（17）将时间标签放置在00:00:28:15的位置，将鼠标指针放在切割后右侧素材的开始位置，当鼠标指针呈▶状时单击，选取编辑点，如图6-62所示。按E键，将所选编辑点扩展到时间标签的位置，如图6-63所示。

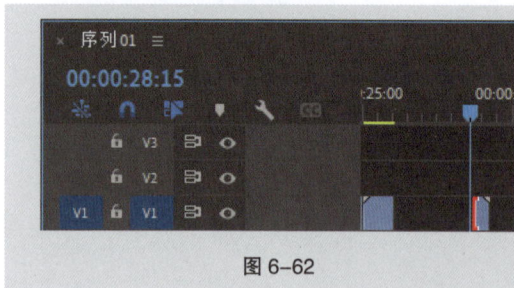

图6-62

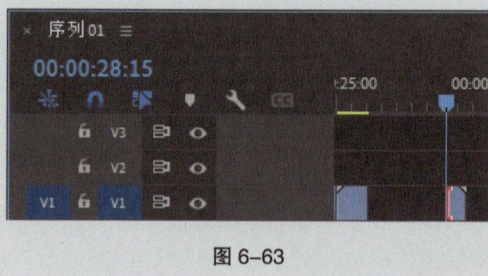

图6-63

（18）选择"选择"工具▶，选择切割后右侧的素材。按Ctrl+R组合键，弹出"剪辑速度/持续时间"对话框，设置如图6-64所示，单击"确定"按钮。选择切割后右侧的素材，将其拖曳到切割后左侧素材的结束位置，如图6-65所示。

（19）将"项目"面板中的"12"文件拖曳到"时间轴"面板中的"V1"轨道上，如图6-66所示。选择"时间轴"面板中的"12"文件。按Ctrl+R组合键，弹出"剪辑速度/持续时间"对话框，设置如图6-67所示，单击"确定"按钮。

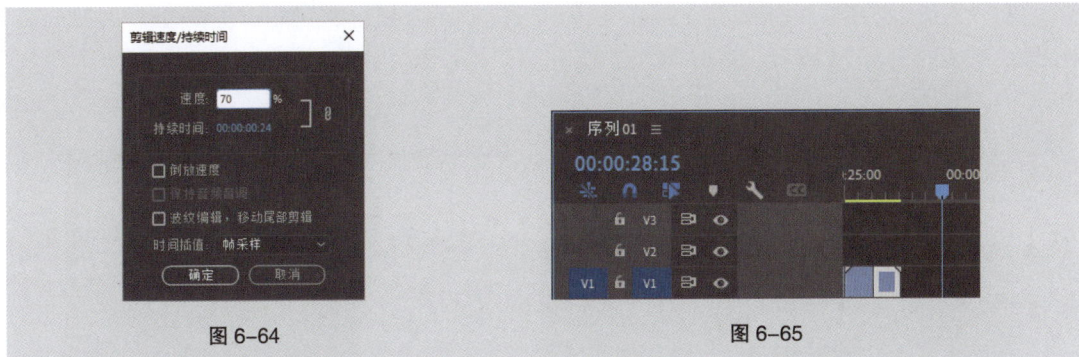

图 6-64　　　　　　　　　　　　　　　　图 6-65

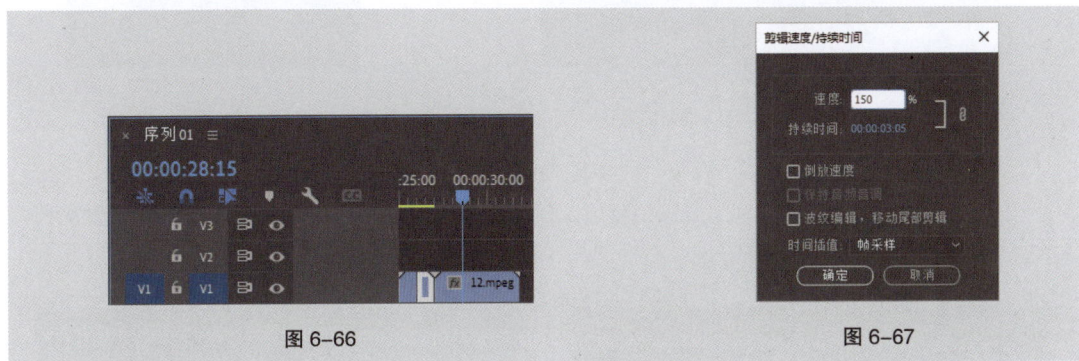

图 6-66　　　　　　　　　　　　　　　　图 6-67

（20）将"项目"面板中的"13"文件拖曳到"时间轴"面板中的"V1"轨道上，如图 6-68 所示。将时间标签放置在 00:00:34:08 的位置。选择"剃刀"工具 ✎，在时间标签处单击以切割素材，如图 6-69 所示。

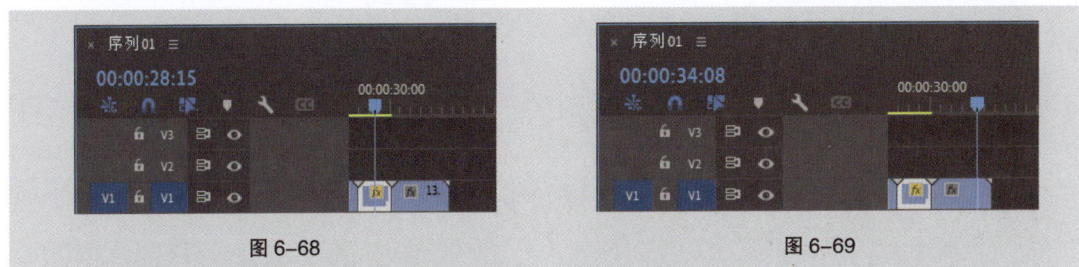

图 6-68　　　　　　　　　　　　　　　　图 6-69

（21）选择"选择"工具 ▶，选择切割后左侧的素材，如图 6-70 所示。按 Ctrl+R 组合键，弹出"剪辑速度 / 持续时间"对话框，设置如图 6-71 所示，单击"确定"按钮。

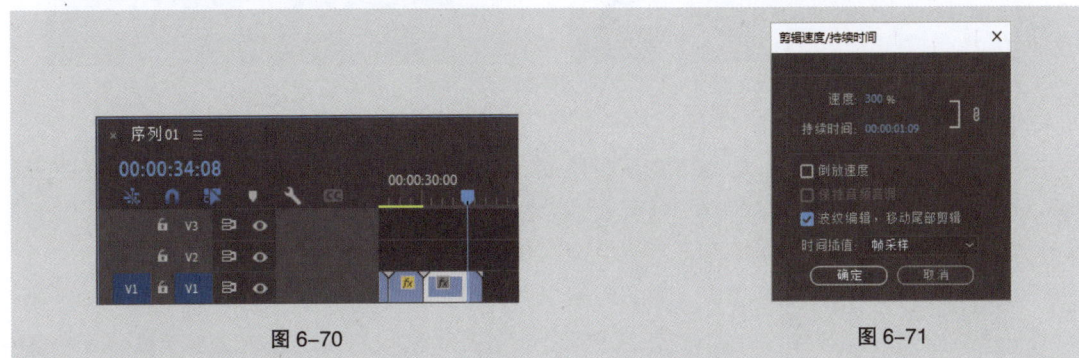

图 6-70　　　　　　　　　　　　　　　　图 6-71

（22）选择切割后右侧的素材，如图 6-72 所示。按 Ctrl+R 组合键，弹出"剪辑速度 / 持续时间"对话框，设置如图 6-73 所示，单击"确定"按钮。

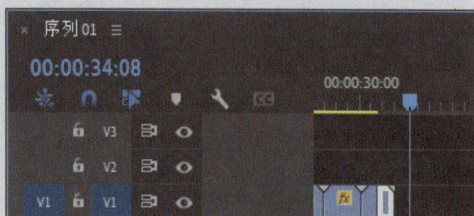

图 6-72

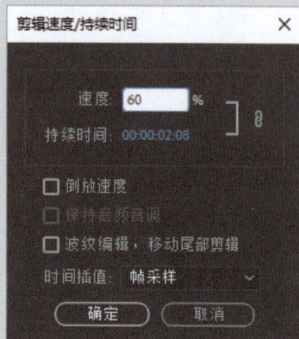

图 6-73

（23）将"项目"面板中的"14"文件拖曳到"时间轴"面板中的"V1"轨道上，如图 6-74 所示。将时间标签放置在 00:00:35:10 的位置，将"项目"面板中的"15"文件拖曳到"时间轴"面板中的"V2"轨道上，如图 6-75 所示。

图 6-74

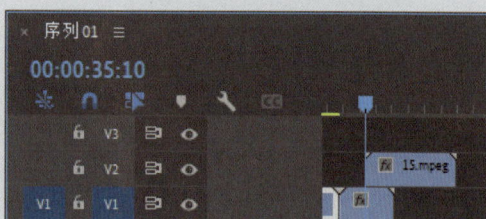

图 6-75

（24）将时间标签放置在 00:00:38:16 的位置，将鼠标指针放在"15"文件的结束位置，当鼠标指针呈 状时单击，选取编辑点，如图 6-76 所示。按 E 键，将所选编辑点扩展到时间标签的位置，如图 6-77 所示。

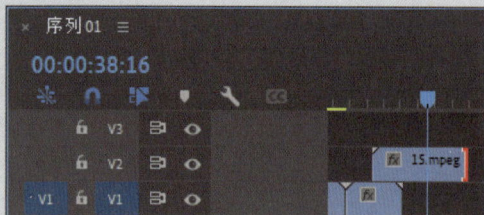

图 6-76

图 6-77

（25）将时间标签放置在 00:00:38:00 的位置，将"项目"面板中的"16"文件拖曳到"时间轴"面板中的"V1"轨道上，如图 6-78 所示。将时间标签放置在 00:00:40:13 的位置，将"项目"面板中的"17"文件拖曳到"时间轴"面板中的"V2"轨道上，如图 6-79 所示。

（26）将"项目"面板中的"18"文件拖曳到"时间轴"面板中的"V1"轨道上，如图 6-80 所示。将时间标签放置在 00:00:45:24 的位置，将鼠标指针放在"18"文件的结束位置，当鼠标指针呈

短视频制作实战 策划 拍摄 制作 运营（全彩慕课版）（第3版）（2021版）

状时单击，选取编辑点，如图 6-81 所示。按 E 键，将所选编辑点扩展到时间标签的位置，如图 6-82 所示。将"项目"面板中的"19"文件拖曳到"时间轴"面板中的"V1"轨道上，如图 6-83 所示。

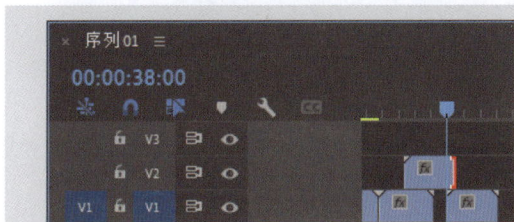
图 6-78

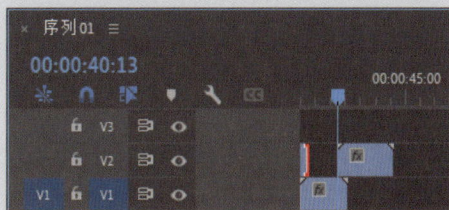
图 6-79

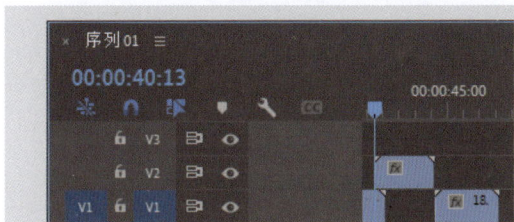
图 6-80

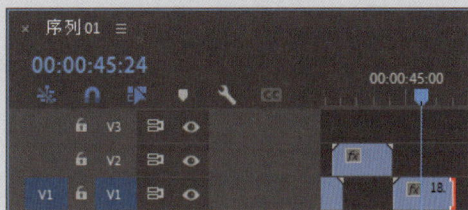
图 6-81

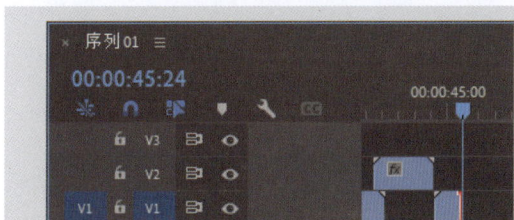
图 6-82

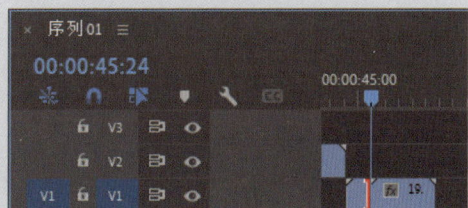
图 6-83

（27）将时间标签放置在 00:00:48:16 的位置，将"项目"面板中的"20"文件拖曳到"时间轴"面板中的"V2"轨道上，如图 6-84 所示。将"项目"面板中的"21"文件拖曳到"时间轴"面板中的"V2"轨道上，如图 6-85 所示。

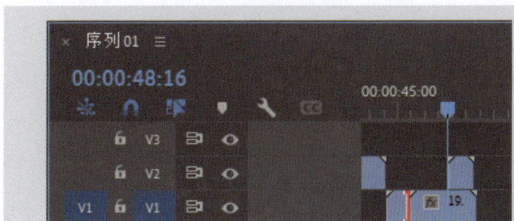
图 6-84

图 6-85

（28）将时间标签放置在 00:00:51:19 的位置。将鼠标指针放在"21"文件的结束位置，当鼠标指针呈◀▶状时单击，选取编辑点，如图 6-86 所示。按 E 键，将所选编辑点扩展到时间标签的位置，如图 6-87 所示。

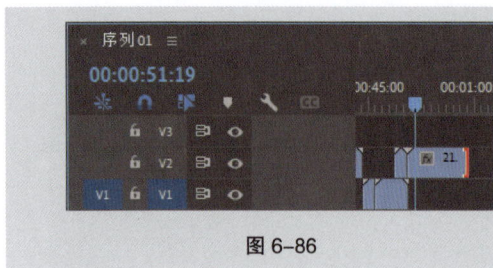

图 6-86

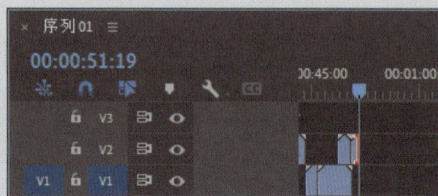

图 6-87

（29）将"项目"面板中的"22"文件拖曳到"时间轴"面板中的"V1"轨道上，如图 6-88 所示。将时间标签放置在 00:00:53:02 的位置，将鼠标指针放在"22"文件的结束位置，当鼠标指针呈 状时单击，选取编辑点，如图 6-89 所示。按 E 键，将所选编辑点扩展到时间标签的位置，如图 6-90 所示。将"项目"面板中的"23"文件拖曳到"时间轴"面板中的"V1"轨道上，如图 6-91 所示。

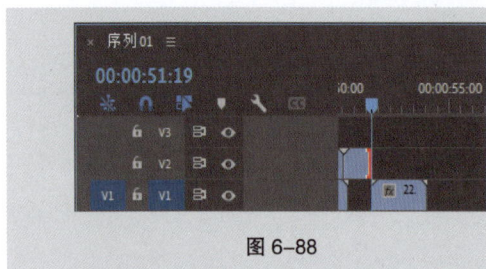

图 6-88

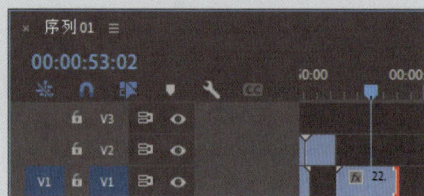

图 6-89

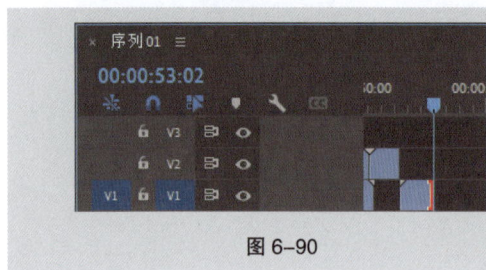

图 6-90

图 6-91

（30）将时间标签放置在 00:00:54:07 的位置，将鼠标指针放在"23"文件的结束位置，当鼠标指针呈 状时单击，选取编辑点，如图 6-92 所示。按 E 键，将所选编辑点扩展到时间标签的位置，如图 6-93 所示。

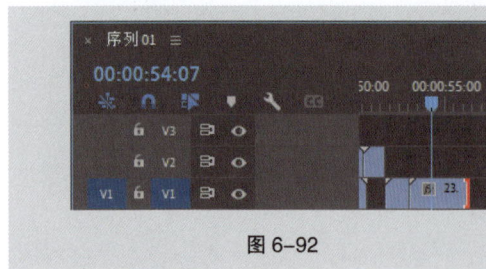

图 6-92

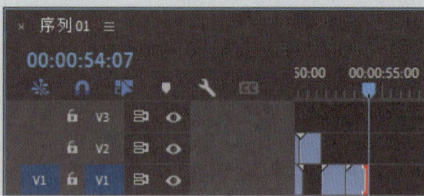

图 6-93

（31）将"项目"面板中的"24"文件拖曳到"时间轴"面板中的"V1"轨道上，如图 6-94 所示。将时间标签放置在 00:00:55:12 的位置，将鼠标指针放在"24"文件的结束位置，当鼠标指针呈 状时单击，选取编辑点，如图 6-95 所示。按 E 键，将所选编辑点扩展到时间标签的位置，如图 6-96

所示。将"项目"面板中的"25"文件拖曳到"时间轴"面板中的"V1"轨道上,如图 6-97 所示。

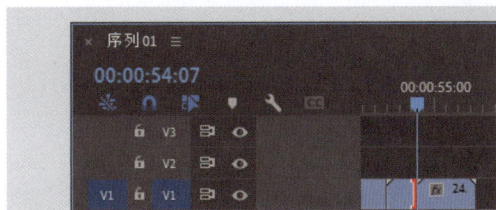

图 6-94

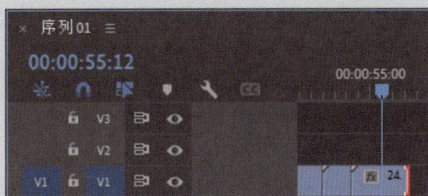

图 6-95

图 6-96

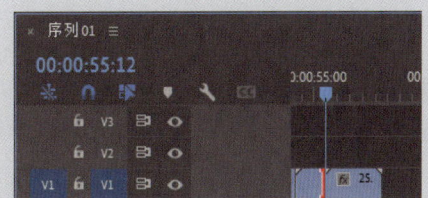

图 6-97

(32)将"项目"面板中的"26"文件拖曳到"时间轴"面板中的"V1"轨道上,如图 6-98 所示。将时间标签放置在 00:00:59:06 的位置,将鼠标指针放在"26"文件的结束位置,当鼠标指针呈 ← 状时单击,选取编辑点,如图 6-99 所示。按 E 键,将所选编辑点扩展到时间标签的位置,如图 6-100 所示。将"项目"面板中的"27"文件拖曳到"时间轴"面板中的"V1"轨道上,如图 6-101 所示。

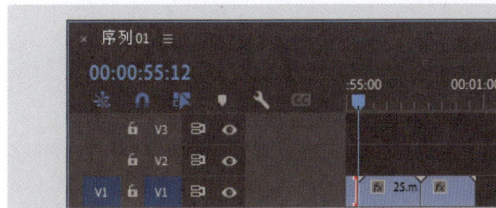

图 6-98

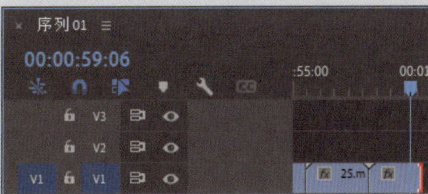

图 6-99

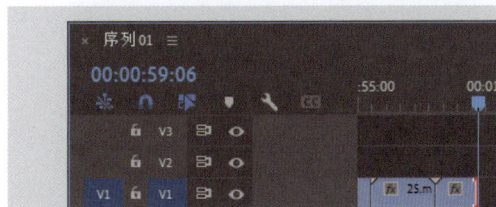

图 6-100

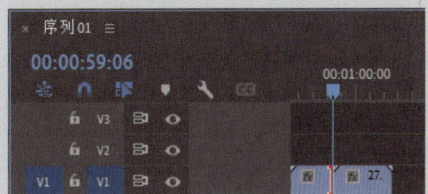

图 6-101

6.2.3 调整不透明度并制作动画

(1)将时间标签放置在 00:00:35:10 的位置,在"时间轴"面板中选择"15"文件。在"效果控件"面板中,将"不透明度"设置为"0.0%",单击"不透明度"左侧的"切换动画"按钮 🔘,记录第 1 个动画关键帧,如图 6-102 所示。将时间标签放置在 00:00:36:15 的位置,将"不透明度"

设置为"100.0%",记录第 2 个动画关键帧,如图 6-103 所示。

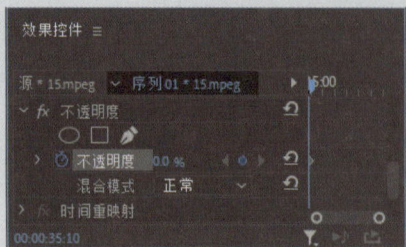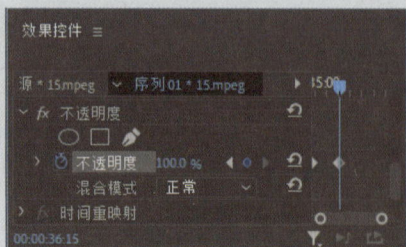

图 6-102　　　　　　　　　　　　图 6-103

（2）将时间标签放置在 00:00:38:00 的位置,单击"不透明度"右侧的"添加 / 移除关键帧"按钮█,记录第 3 个动画关键帧,如图 6-104 所示。将时间标签放置在 00:00:38:14 的位置,将"不透明度"设置为"0.0%",记录第 4 个动画关键帧,如图 6-105 所示。

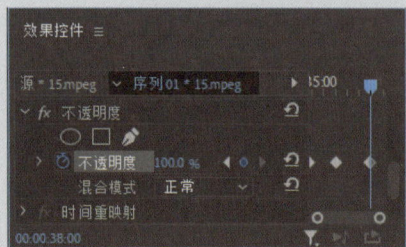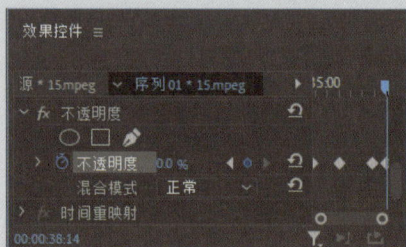

图 6-104　　　　　　　　　　　　图 6-105

（3）将时间标签放置在 00:01:00:20 的位置,在"时间轴"面板中选择"27"文件。在"效果控件"面板中,单击"不透明度"左侧的"切换动画"按钮█,记录第 1 个动画关键帧,如图 6-106 所示。将时间标签放置在 00:01:01:06 的位置,将"不透明度"设置为"0.0%",记录第 2 个动画关键帧,如图 6-107 所示。

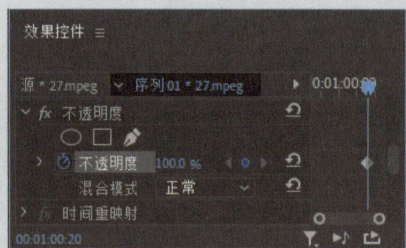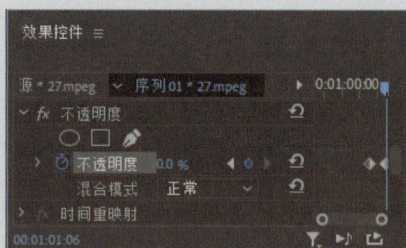

图 6-106　　　　　　　　　　　　图 6-107

6.2.4　制作素材的缩放动画

（1）将时间标签放置在 00:00:51:19 的位置。在"时间轴"面板中选择"V1"轨道上的"22"文件。在"效果控件"面板中展开"运动"效果,将"缩放"设置为"110.0",单击"缩放"左侧的"切换动画"按钮█,记录第 1 个动画关键帧,如图 6-108 所示。将时间标签放置在 00:00:53:01 的位置,将"缩放"设置为"100.0",记录第 2 个动画关键帧,如图 6-109 所示。

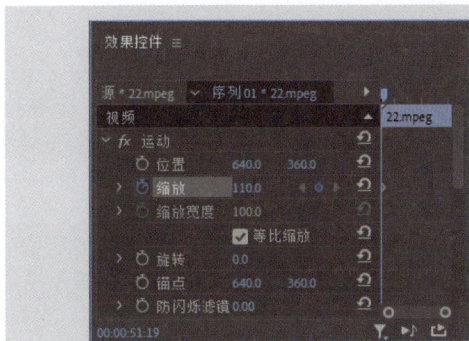

图 6-108

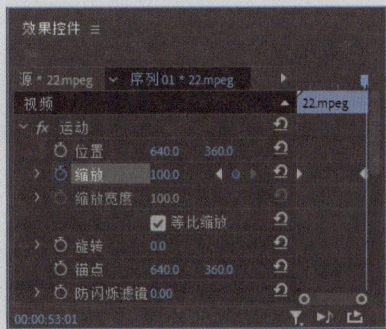

图 6-109

（2）将时间标签放置在00:00:54:07的位置，在"时间轴"面板选择"V1"轨道上的"24"文件。在"效果控件"面板中展开"运动"效果，将"缩放"设置为"105.0"，单击"缩放"左侧的"切换动画"按钮，记录第1个动画关键帧，如图6-110所示。将时间标签放置在00:00:55:11的位置，将"缩放"设置为"100.0"，记录第2个动画关键帧，如图6-111所示。

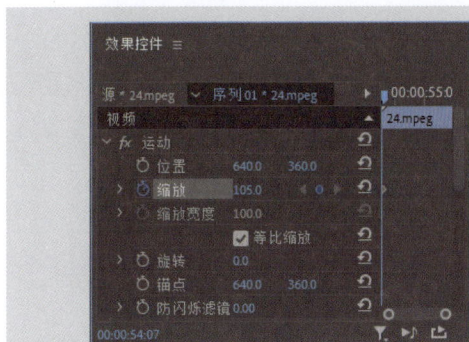

图 6-110

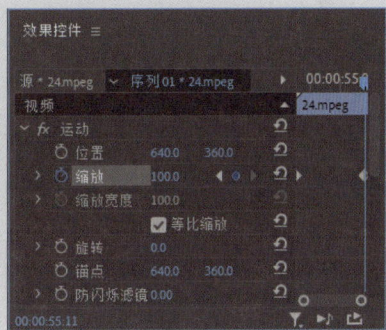

图 6-111

（3）将时间标签放置在00:00:55:12的位置，在"时间轴"面板中选择"V1"轨道上的"25"文件。在"效果控件"面板中展开"运动"效果，单击"缩放"左侧的"切换动画"按钮，记录第1个动画关键帧，如图6-112所示。将时间标签放置在00:00:57:16的位置，将"缩放"设置为"105.0"，记录第2个动画关键帧，如图6-113所示。

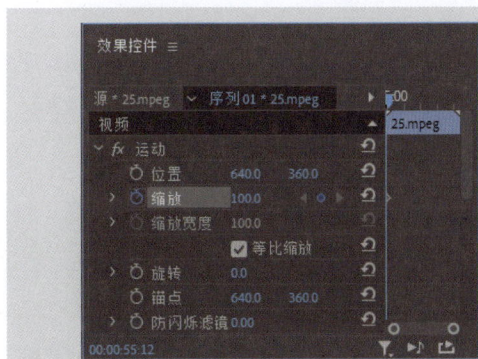

图 6-112

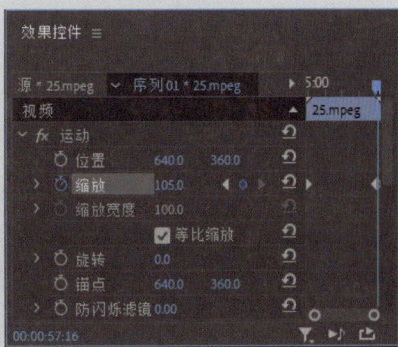

图 6-113

（4）将时间标签放置在00:00:57:18的位置，在"时间轴"面板中选择"V1"轨道上的"26"文件。在"效果控件"面板中展开"运动"效果，单击"缩放"左侧的"切换动画"按钮◎，记录第1个动画关键帧，如图6-114所示。将时间标签放置在00:00:59:05的位置。将"缩放"设置为"105.0"，记录第2个动画关键帧，如图6-115所示。

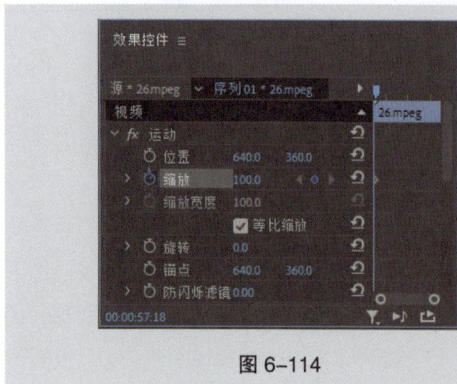
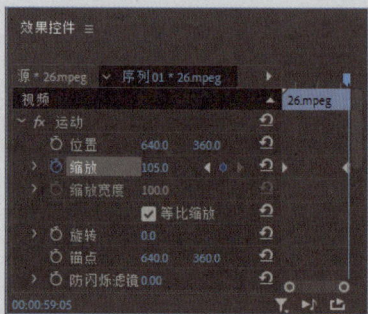

图 6-114   图 6-115

6.2.5　添加视频效果和视频过渡效果

1. 添加视频效果

（1）选择"效果"面板，展开"视频效果"列表，单击"扭曲"文件夹左侧的展开按钮▶将其展开，选中"变形稳定器"效果，如图6-116所示。将"变形稳定器"效果拖曳到"时间轴"面板中"V1"轨道的"16"文件上，如图6-117所示。

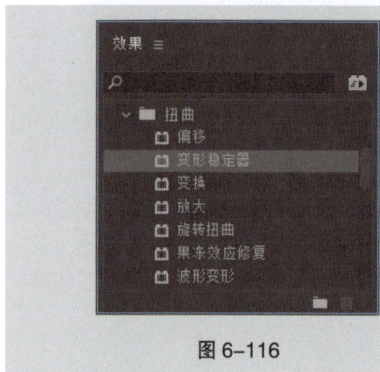
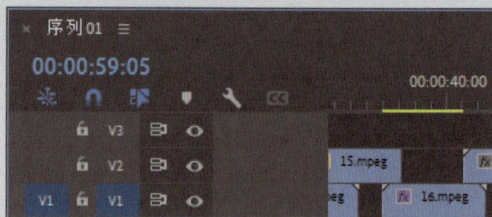

图 6-116   图 6-117

（2）在"效果"面板中选中"变形稳定器"效果，将"变形稳定器"效果拖曳到"时间轴"面板中"V1"轨道的"19"文件上，如图6-118所示。在"效果"面板中选中"变形稳定器"效果，将"变形稳定器"效果拖曳到"时间轴"面板中"V2"轨道的"20"文件上，如图6-119所示。

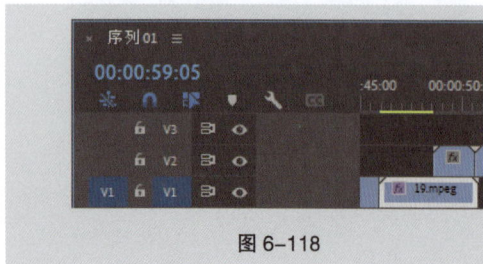
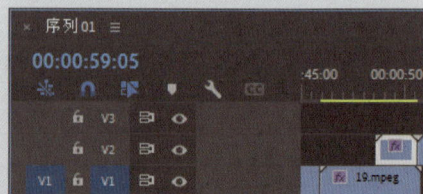

图 6-118   图 6-119

2．添加并调整视频过渡效果

（1）在"效果"面板中展开"视频过渡"列表，单击"溶解"文件夹左侧的展开按钮 将其展开，选中"交叉溶解"效果，如图 6-120 所示。将"交叉溶解"效果拖曳到"时间轴"面板中的"29"文件的开始位置和结束位置，如图 6-121 所示。

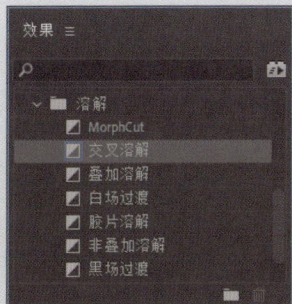

图 6-120

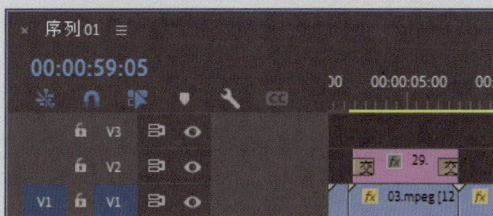

图 6-121

（2）在"效果"面板中选中"白场过渡"效果，如图 6-122 所示。将"白场过渡"效果拖曳到"时间轴"面板中"V1"轨道上"23"文件的开始位置，如图 6-123 所示。

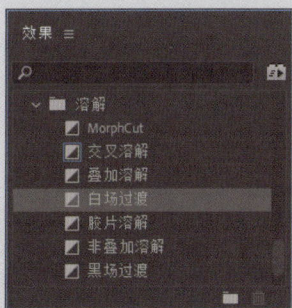

图 6-122

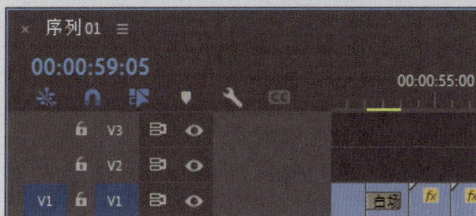

图 6-123

（3）选中"时间轴"面板中的"白场过渡"效果，如图 6-124 所示。在"效果控件"面板中将"持续时间"设置为"00:00:00:08"，如图 6-125 所示。

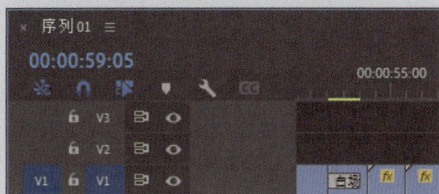

图 6-124

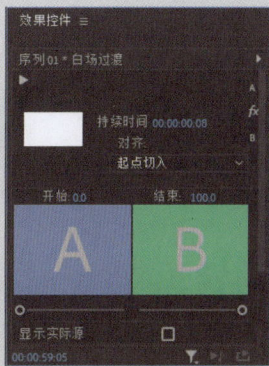

图 6-125

6.2.6　添加调整图层快速调色

（1）选择"项目"面板，选择"文件 > 新建 > 调整图层"命令，弹出"调整图层"对话框，如图 6-126 所示，单击"确定"按钮，在"项目"面板中新建"调整图层"文件，如图 6-127 所示。将其拖曳到"时间轴"面板中的"V3"轨道上，如图 6-128 所示。

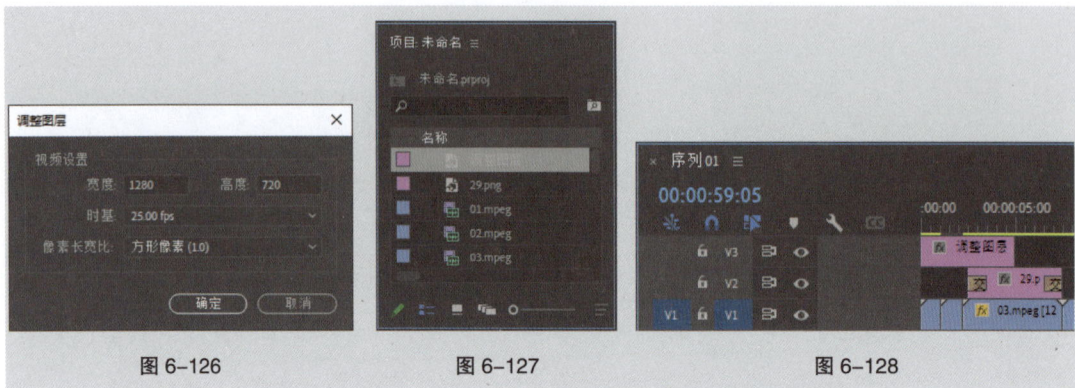

图 6-126　　　　　　　　图 6-127　　　　　　　　图 6-128

（2）将鼠标指针放在"调整图层"文件的结束位置，当鼠标指针呈 ◀| 状时单击，选取编辑点。将所选编辑点向右拖曳到与"27"文件的结束位置齐平，如图 6-129 所示。

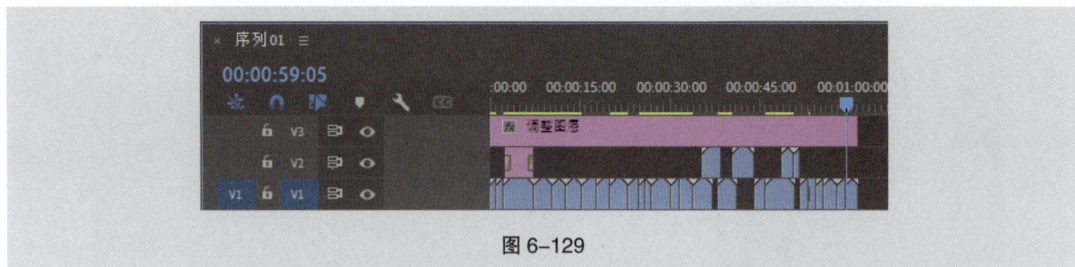

图 6-129

（3）在"效果"面板中，单击"颜色校正"文件夹左侧的展开按钮 ▶ 将其展开，选中"Lumetri 颜色"效果，如图 6-130 所示。将"Lumetri 颜色"效果拖曳到"时间轴"面板中的"调整图层"文件上。在"效果控件"面板中展开"Lumetri 颜色"效果并进行参数设置，如图 6-131 所示。

图 6-130

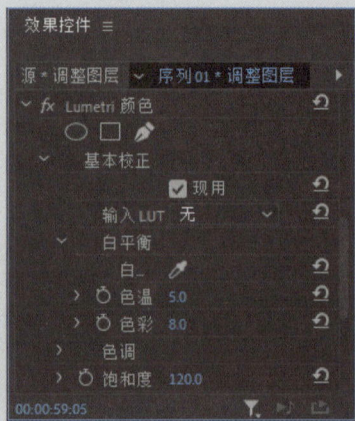

图 6-131

6.2.7 添加并调整音频素材

（1）在"项目"面板中选中"28"文件并将其拖曳到"时间轴"面板中的"A1"轨道上，如图 6-132 所示。将鼠标指针放在"28"文件的结束位置，当鼠标指针呈 ◄| 状时单击，选取编辑点。将所选编辑点向左拖曳到与"27"文件的结束位置齐平，如图 6-133 所示。

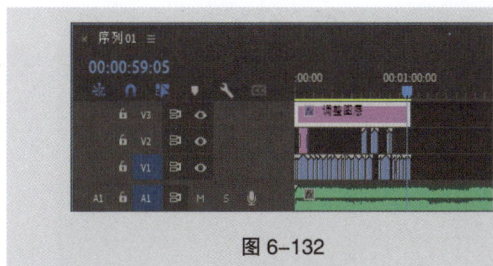
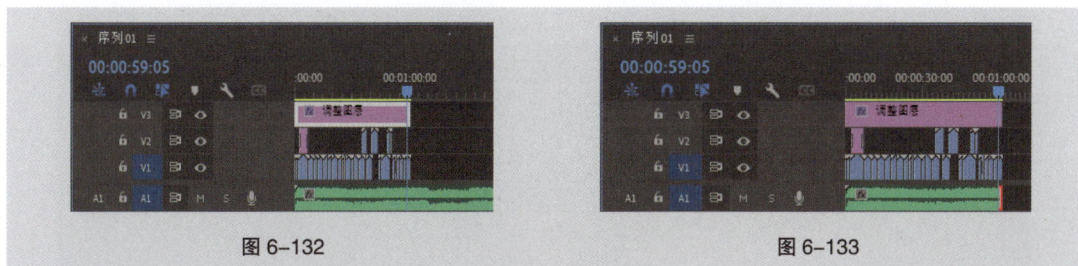

图 6-132　　　　　　　　　　　图 6-133

（2）选中"A1"轨道上的"28"文件。将时间标签放置在 00:01:00:20 的位置。在"效果控件"面板中展开"音量"选项，单击"级别"右侧的"添加/移除关键帧"按钮 ◉，记录第 1 个动画关键帧，如图 6-134 所示。将时间标签放置在 00:01:01:06 的位置，设置"级别"为"-999.0"，记录第 2 个动画关键帧，如图 6-135 所示。

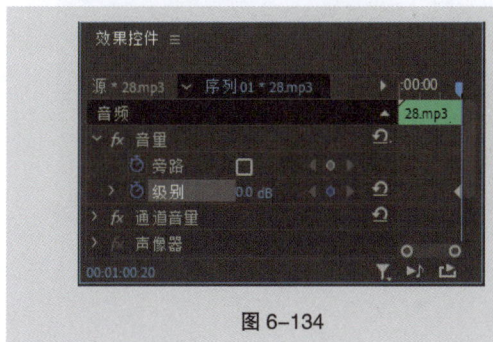
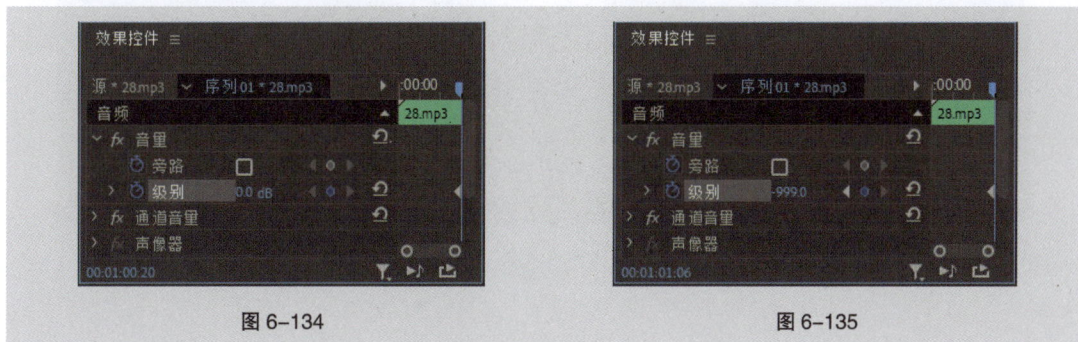

图 6-134　　　　　　　　　　　图 6-135

（3）在"效果"面板中展开"音频效果"列表，单击"滤波器和 EQ"文件夹左侧的展开按钮 ▶ 将其展开，选中"低通"效果，如图 6-136 所示。将"低通"效果拖曳到"时间轴"面板中"A1"轨道的"28"文件上。在"效果控件"面板中，展开"低通"效果，将"切断"设置为"3229.5Hz"，如图 6-137 所示。

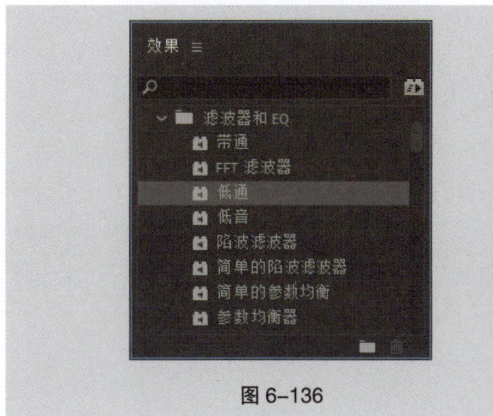
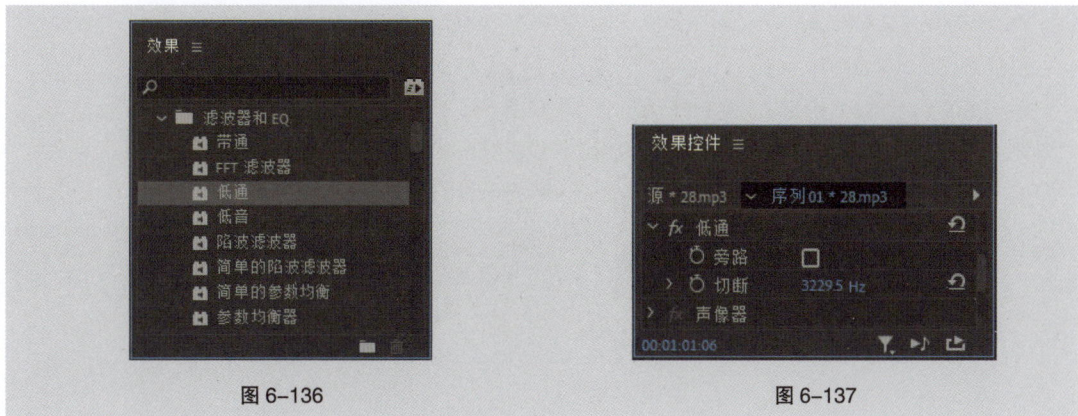

图 6-136　　　　　　　　　　　图 6-137

6.2.8 导出视频文件

选择"文件 > 导出 > 媒体"命令，弹出"导出设置"对话框，具体的设置如图 6-138 所示。单击"导出"按钮，导出视频文件。

图 6-138

6.3 课后任务

1. 任务
拍摄并制作以社会活动为主题的宣传短视频，内容可以是休闲娱乐、家庭聚会、公司员工活动等。

2. 任务要求
短视频时长：2分钟。

素材要求：光线运用准确，素材数量不少于30条。

制作要求：应符合宣传短视频的制作规范，内容完整。

第7章

产品广告短视频

07

▶ 本章介绍

　　本章将详细讲解产品广告短视频的拍摄方法和制作技巧。通过对本章的学习，读者能够掌握短视频的画面构图技巧、色彩运用技巧以及制作流程，学会产品广告短视频的制作方法。

知识目标

- 掌握视频中的画面构图技巧。
- 了解短视频的常用颜色知识。
- 掌握广告短视频的制作流程。
- 熟练掌握产品广告短视频的制作方法。

技能目标

- 能够运用所学知识拍摄产品广告短视频。
- 掌握"商品广告"短视频的制作方法。

素质目标

- 培养敏锐的颜色感知能力。
- 培养对短视频进行分析和评估的能力。
- 培养沟通交流能力。

慕课视频

第 7 章 产品广告
短视频

7.1 拍摄期

本节将重点讲解短视频的画面构图技巧、短视频的常用颜色知识以及广告短视频的制作流程，为后期进行短视频的处理提供帮助。

7.1.1 视频中的画面构图技巧

在拍摄视频的过程中精心设计画面构图，可以得到具有震撼性的画面。

1．主体和陪体

好的视频画面构图要有明确的主体和陪体，下面对二者及其关系进行具体的介绍。

（1）主体

主体是指画面中所要表现的主要对象，是画面存在的基本条件。主体在画面中起主导作用。对视频画面来说，主体是要表现的中心，一般应清晰明确。

（2）陪体

陪体是和主体密切相关且与主体构成一定联系的画面构成部分。陪体在画面中可以帮助主体表达主题思想，同时起到均衡画面构图的作用。

（3）主体与陪体的画面构成关系

在构图形式上，主体主导画面，是视觉焦点。拍摄时要采用各种造型手段和构图技巧突出主体，为其制作深刻的视觉效果。陪体用于渲染和衬托主体，帮助突出主体。在构图时，陪体应占据次要地位，无论是在颜色上还是在影调上都应注意与主体的关系，如图 7-1 所示。

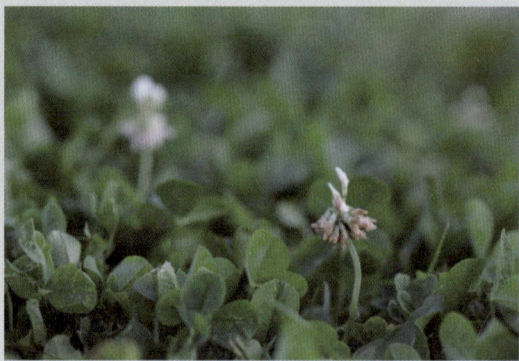

图 7-1

2．常用构图形式

视频画面构图以横构图为主，且常采用 16∶9 的比例，这种构图的取景范围接近人眼观察的视线范围，画面具有现场感。下面将对应用非常广泛、实用性非常强的构图形式进行具体讲解。

（1）三分法则构图

黄金分割三分法则构图就是将整个画面在横、竖方向上各用两条直线分割成相等的 3 个部分，将被摄主体的主要表现部分放置在一条直线或直线的交点上，这样会让人觉得画面和谐、充满美感，如图 7-2 和图 7-3 所示。

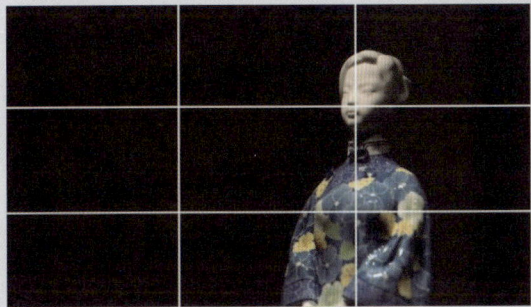

图 7-2

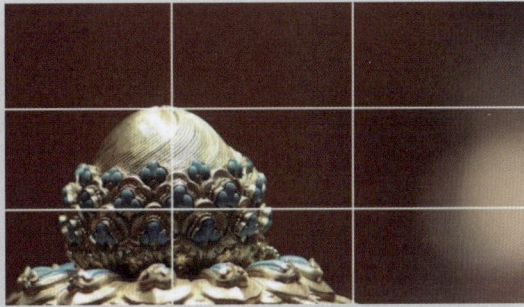

图 7-3

（2）低角度构图

低角度构图是确定拍摄主题后，寻找一个足够低的角度，甚至直接将镜头贴到地面上进行拍摄的构图形式，也是一种很受欢迎的构图形式。拍摄者需要蹲着、坐下、跪着或者躺下进行拍摄。使用低角度构图拍摄能表现出让人惊讶的画面效果，如图 7-4 和图 7-5 所示。

图 7-4

图 7-5

（3）引导线构图

引导线构图是在场景中使用引导线，串起画面中的主体与背景元素，吸引观者的注意，实现观者视觉焦点转移的构图形式。常用的引导线有道路、河流、桥梁、喷气式飞机的飞行轨迹、铁轨、锁链、树林等，如图 7-6 和图 7-7 所示。

图 7-6

图 7-7

（4）框式构图

框式构图是一种利用场景中环绕的事物突出主体的构图形式，也称景框式构图。常用的框架有门框、篱笆、树干、树枝、窗框、拱桥、镜框、光影等，如图7-8和图7-9所示。

图7-8   图7-9

（5）中心式构图

中心式构图是一种将想要展现的主体放在画面正中央，以达到突出主体的效果的构图形式。拍摄产品广告短视频多采用中心式构图，这样有利于呈现产品及其细节，如图7-10所示。

（6）对称式构图

对称式构图是一种拍摄内容在画面中垂线或中水平线两侧完全对称或大致对称的构图形式。此构图具有布局平衡、结构规矩、图案优美、趣味性强等特点，常用于表现举重运动员举重、游泳运动员蝶泳、集体舞蹈表演、中式古建筑、某些器皿用具等，如图7-11所示。

图7-10   图7-11

（7）对角线式构图

对角线式构图利用对角线进行构图，是一种导向性很强的构图形式。此构图能给人以立体感、延伸感、动态感和活力感，如图7-12所示。

（8）穿透式构图

穿透式构图是一种透过篱笆、窗户或者磨砂玻璃等物件进行拍摄的构图形式，能获得很多意想不到的画面，如图7-13所示。利用水晶球或玻璃球进行拍摄，可得到上下颠倒的画面。

图 7-12

图 7-13

（9）视线路径构图

视线路径构图是一种按照观者视线的移动路径进行拍摄的构图形式，拍摄者通常需要根据景物出现的先后顺序进行构图，如图 7-14 所示。

3. 构图的技巧

（1）利用留白

在画面中留出一些空白可以使画面主题明显且具有吸引力，同时还能创造出一种极简的视觉效果，如图 7-15 所示。

（2）朝向原则

朝向原则是指在被摄主体正对着的方向留出大量的空间，使画面具有想象空间。例如，拍摄向右观看的人时，可以在画面的右侧留出空白，扩展画面的想象空间，如图 7-16 所示。

图 7-14

图 7-15

图 7-16

（3）前景与后景构图

因为视频拍摄过程中焦点具有变动性，所以对一个画面进行构图时，可通过对前景和后景的焦点进行变化，制造出虚实结合的效果，使画面"动"起来，如图 7-17 和图 7-18 所示。

图 7-17　　　　　　　　　　　　　　　　　　图 7-18

7.1.2　短视频的常用颜色知识

本小节将重点讲解短视频常用的颜色模式和调色依据，为短视频的后期调色打下基础。

1. 短视频常用的颜色模式

（1）RGB 颜色模式

RGB 颜色模式通过红色（Red）、绿色（Green）、蓝色（Blue）3 种色光叠加而形成更多的颜色。RGB 颜色模式几乎包含人眼所能感知到的所有颜色，是目前运用非常广泛的颜色模式。短视频的后期调色主要使用的就是 RGB 颜色模式。

（2）HLS 颜色模式

HLS 颜色模式通过色相（Hue）、亮度（Lightness）、饱和度（Saturation）3 个参数的变化及其相互之间的叠加而形成各种颜色。HLS 颜色模式中的每个参数都可以进行调节。

2. 短视频常用的调色依据

（1）互补色与相邻色

在色环中，相邻的两种颜色互为相邻色，呈 180° 角的两种颜色互为互补色。例如，青色的相邻色是绿色和蓝色，互补色是红色，如图 7-19 所示。一般相邻色给人自然和谐、赏心悦目之感，互补色则给人对比强烈、充满活力之感。

（2）短视频初级调色的概念

短视频初级调色是指使用相邻色和互补色来调节短视频画面的颜色。调色方式有两种，一种是增加相邻色，另一种是减少互补色。例如，调整短视频画面中偏红的颜色时，可以同时增加其相邻色黄色和品红色，也可以减少其互补色青色。

图 7-19

（3）短视频调色所涉及的颜色元素

● 色温

色温是光线所包含的颜色的衡量单位，会影响人们对颜色的感知。调色温是调色师必须掌握的技能之一。利用白平衡校正画面中的偏色问题是短视频调色的基础。色温越高，光线越趋于冷色调；色温越低，光线越趋于暖色调。图 7-20 所示为色温与白平衡示意。

- 色相

色相是颜色的相貌，是因光波波长不同而形成的。光谱中有红、橙、黄、绿、蓝、紫6种基本色相。

- 饱和度

饱和度是指颜色的鲜艳程度，也称颜色的纯度。在色环中，越靠近边缘的颜色饱和度越高，也越鲜艳，色环边缘颜色的饱和度是100%；越靠近中心的颜色饱和度越低，也越平淡，色环中心颜色的饱和度是0%，如图7-21所示。

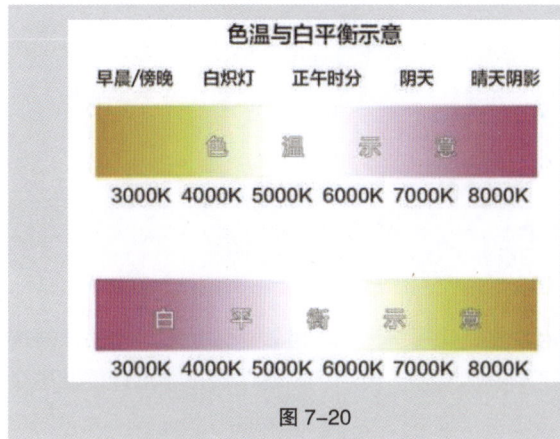

图7-20

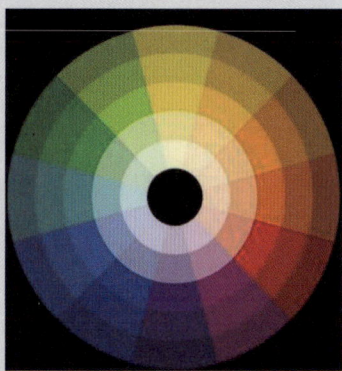

图7-21

7.1.3　广告短视频的制作流程

广告短视频是指以时长较短的视频承载的广告，主要将创意用视觉的形式进行表现。下面对其制作流程进行简要的总结和说明。

1．需求对接

了解广告主的真实需求、产品定位、投放范围和渠道等，以便确定广告短视频的风格和类型。

2．策划创作

广告短视频一般要求以秒来计算时长，所以片头要足够吸引人。因此，在策划创作阶段，可以利用表情、动作、对白、音乐、字幕甚至服装和场景等，设计多种形式进行表现。在前期进行有效沟通，有利于快速产出脚本。

3．现场拍摄

（1）选择合适的演员

基于脚本选择合适的演员，确认演员的服饰和妆容。例如，教育行业广告短视频的受众是家庭成员、年轻的职场人士，演员就需要针对客户的需求进行选择。

（2）选择合适的场景

场景的选择要与演员服饰和妆容的整体风格相符，也要符合广告的宣传主题。例如，运动类广告要选择运动场景，以营造代入感。

4．后期制作

（1）素材挑选与脚本匹配

对拍摄的有效素材进行挑选分类，然后将素材与脚本匹配，并进行粗剪。

（2）选择合适的背景音乐和有趣的音效

为了让短视频观感更好，后期制作人员应选择合适的背景音乐和一些有趣的音效来展示剧情与突出主题。

（3）适当加入转场效果

短视频节奏比较快，画面切换也比较快，为了不显得突兀，后期制作人员可以在衔接画面时使用一些转场效果。由于广告主要体现的是内容而不是效果，因此转场效果不宜滥用。

（4）制作字幕

加入字幕是制作广告短视频很重要的一环，无论是片头字幕还是片尾字幕，都需要对广告的内容与主题进行直观表现。画面和音效等都制作好后，为了让短视频更加完整，可以在后期制作时添加字幕，增强广告短视频的趣味性。

7.2 制作期——制作"商品广告"短视频

使用"新建"和"导入"命令新建项目并导入素材，使用快捷键取消视音频链接，使用快捷键标记入点和出点以调整项目素材，使用"文字"工具添加文字，使用"新建"命令添加调整图层快速调色，使用"效果"面板添加视音频过渡效果，使用"效果控件"面板编辑视频过渡效果并调整素材动画。最终效果参看"Ch07\ 商品广告 \ 商品广告 .prproj"，如图 7-22 所示。

图 7-22

慕课视频 7.2 制作期——制作"商品广告"短视频 1
慕课视频 7.2 制作期——制作"商品广告"短视频 2
慕课视频 7.2 制作期——制作"商品广告"短视频 3
慕课视频 7.2 制作期——制作"商品广告"短视频 4

7.2.1 新建项目并导入素材

（1）启动 Premiere Pro 2021，选择"文件 > 新建 > 项目"命令，弹出"新建项目"对话框，设置如图 7-23 所示，单击"确定"按钮，新建项目。选择"文件 > 新建 > 序列"命令，弹出"新建序列"对话框，设置如图 7-24 所示，单击"确定"按钮，新建序列。

（2）选择"文件 > 导入"命令，弹出"导入"对话框，选择"Ch07\ 商业广告 \ 素材 \01 ～ 24"文件，如图 7-25 所示，单击"打开"按钮，将文件导入"项目"面板，如图 7-26 所示。

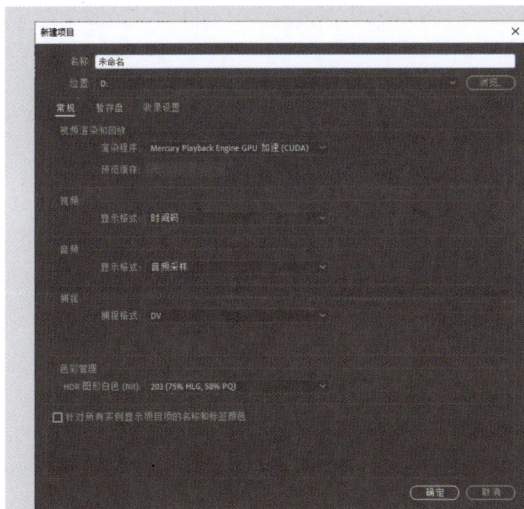

图 7-23

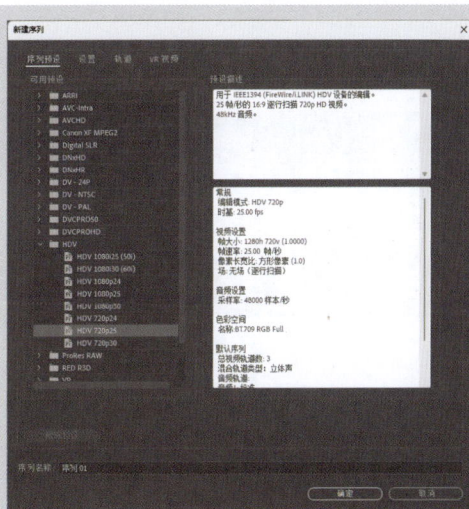

图 7-24

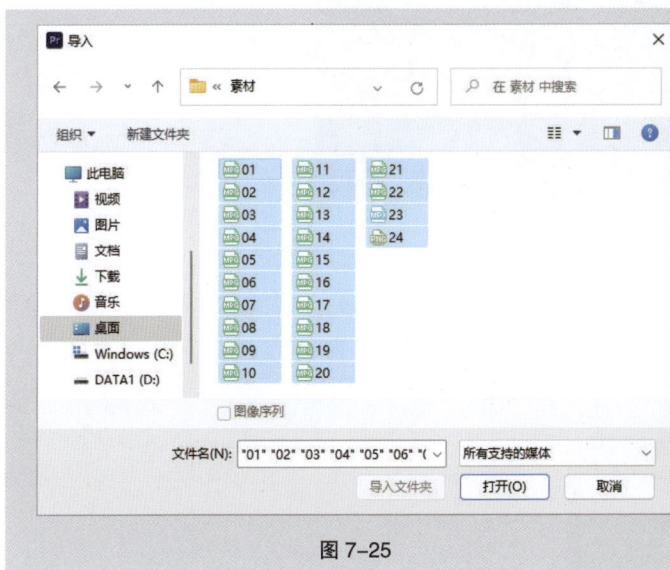

图 7-25

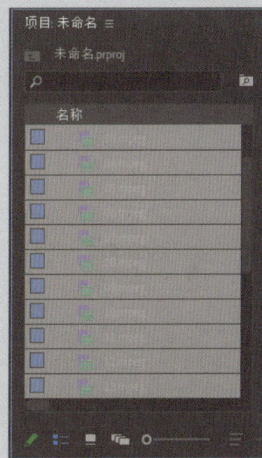

图 7-26

7.2.2 取消视音频链接

（1）将"项目"面板中的"01"文件拖曳到"时间轴"面板中的"V1"轨道上，如图 7-27 所示。按住 Alt 键，单击"A1"轨道上的音频文件，如图 7-28 所示。

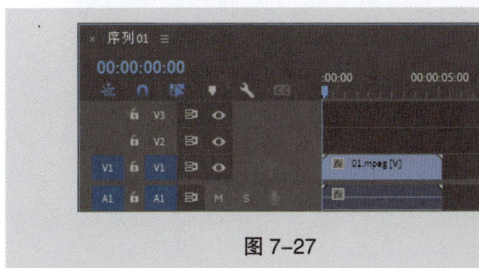

图 7-27

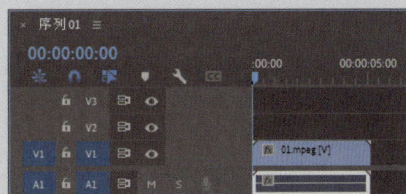

图 7-28

（2）按 Delete 键删除，如图 7-29 所示。单击音频轨道左侧的音频标签，如图 7-30 所示，激活音频内容，覆盖插入的音频。

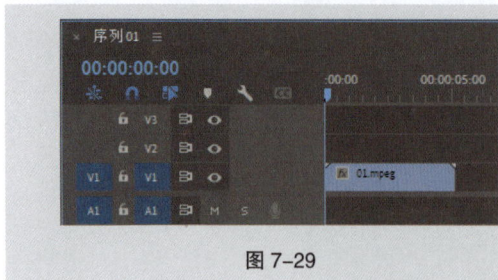 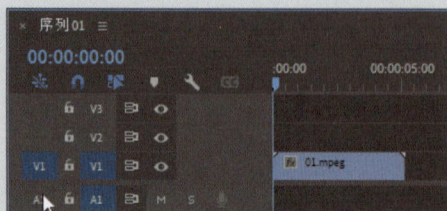

图 7-29　　　　　　　　　　　　　　　　　　图 7-30

7.2.3　添加并调整项目素材

（1）将"项目"面板中的"02"和"03"文件依次拖曳到"时间轴"面板中的"V1"轨道上，如图 7-31 所示。

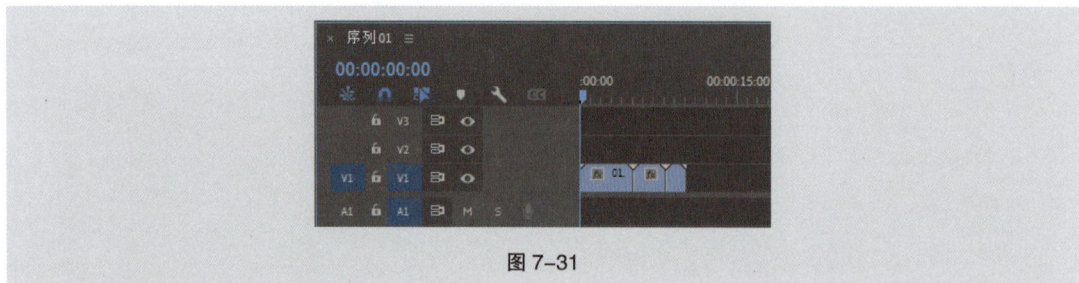

图 7-31

（2）双击"项目"面板中的"04"文件，在"源"面板中打开。将时间标签放置在 00:00:01:17 的位置，按 O 键，标记出点，如图 7-32 所示。选中"源"面板中的"04"文件并将其拖曳到"时间轴"面板中的"V1"轨道上，效果如图 7-33 所示。

 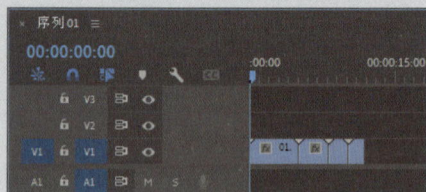

图 7-32　　　　　　　　　　　　　　　　　　图 7-33

（3）选择"时间轴"面板中的"04"文件，按 Ctrl+R 组合键，弹出"剪辑速度 / 持续时间"对话框，设置如图 7-34 所示，单击"确定"按钮，"时间轴"面板如图 7-35 所示。

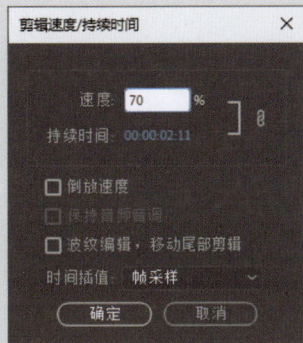

图 7-34

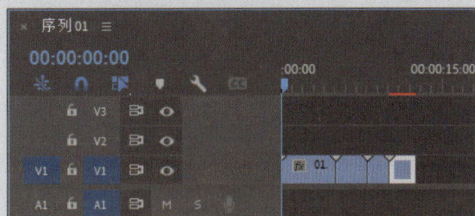

图 7-35

（4）双击"项目"面板中的"06"文件，在"源"面板中打开。将时间标签放置在 00：00：02：14 的位置，按 O 键，标记出点，如图 7-36 所示。将时间标签放置在 00：00：14：05 的位置，选中"源"面板中的"06"文件并将其拖曳到"时间轴"面板中的"V1"轨道上，效果如图 7-37 所示。

图 7-36

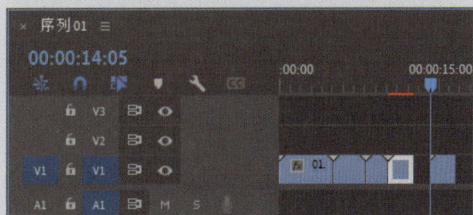

图 7-37

（5）将时间标签放置在 00：00：11：22 的位置，将"项目"面板中的"05"文件拖曳到"时间轴"面板中的"V2"轨道上，如图 7-38 所示。

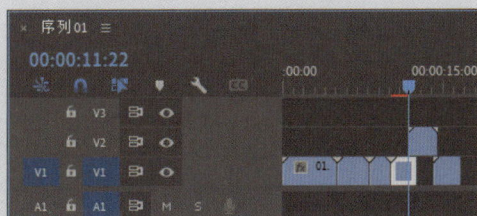

图 7-38

（6）双击"项目"面板中的"08"文件，在"源"面板中打开。将时间标签放置在 00：00：03：00 的位置，按 O 键，标记出点，如图 7-39 所示。将时间标签放置在 00：00：18：23 的位置，选中"源"面板中的"08"文件并将其拖曳到"时间轴"面板中的"V1"轨道上，效果如图 7-40 所示。

图 7-39

图 7-40

（7）将时间标签放置在 00：00：15：20 的位置，将"项目"面板中的"07"文件拖曳到"时间轴"面板中的"V2"轨道上，如图 7-41 所示。将时间标签放置在 00：00：23：14 的位置，将"项目"面板中的"10"文件拖曳到"时间轴"面板中的"V1"轨道上，如图 7-42 所示。

图 7-41

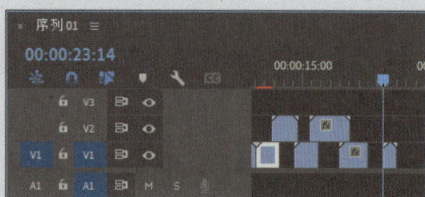

图 7-42

（8）双击"项目"面板中的"09"文件，在"源"面板中打开。将时间标签放置在 00：00：02：05 的位置，按 O 键，标记出点，如图 7-43 所示。将时间标签放置在 00：00：21：08 的位置，选中"源"面板中的"09"文件并将其拖曳到"时间轴"面板中的"V2"轨道上，效果如图 7-44 所示。

图 7-43

图 7-44

（9）将时间标签放置在 00：00：25：19 的位置，将"项目"面板中的"12"文件拖曳到"时间轴"面板中的"V1"轨道上，如图 7-45 所示。选择"时间轴"面板中的"12"文件，按 Ctrl+R 组合键，弹出"剪辑速度 / 持续时间"对话框，设置如图 7-46 所示，单击"确定"按钮。

图 7-45

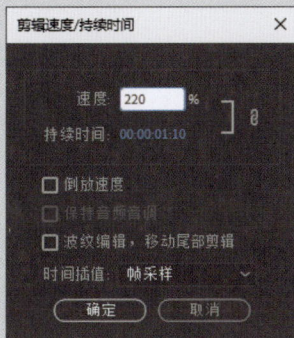

图 7-46

（10）将时间标签放置在 00:00:23:23 的位置，将"项目"面板中的"11"文件拖曳到"时间轴"面板中的"V2"轨道上，如图 7-47 所示。

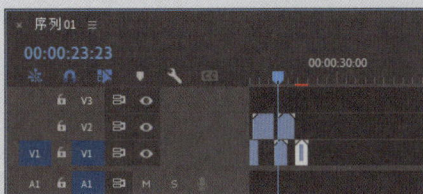

图 7-47

（11）双击"项目"面板中的"13"文件，在"源"面板中打开。将时间标签放置在 00:00:02:12 的位置，按 O 键，标记出点，如图 7-48 所示。选中"源"面板中的"13"文件并将其拖曳到"时间轴"面板中的"V1"轨道上，效果如图 7-49 所示。

图 7-48

图 7-49

（12）将"项目"面板中的"14"文件拖曳到"时间轴"面板中的"V1"轨道上，如图 7-50 所示。选择"时间轴"面板中的"14"文件，按 Ctrl+R 组合键，弹出"剪辑速度 / 持续时间"对话框，设置如图 7-51 所示，单击"确定"按钮。

（13）双击"项目"面板中的"16"文件，在"源"面板中打开。将时间标签放置在 00:00:01:16 的位置，按 O 键，标记出点，如图 7-52 所示。选中"源"面板中的"16"文件并将其拖曳到

"时间轴"面板中的"V1"轨道上，效果如图 7-53 所示。

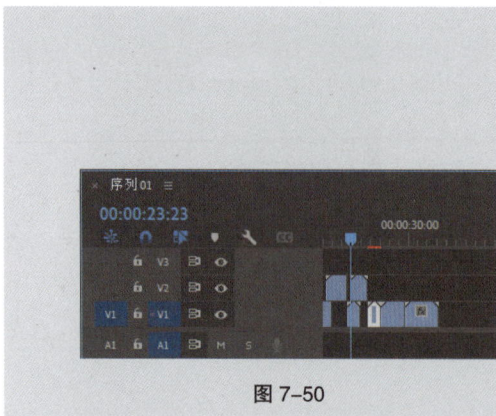
图 7-50

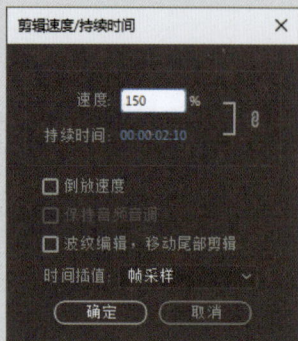
图 7-51

图 7-52

图 7-53

（14）选择"时间轴"面板中的"16"文件，按 Ctrl+R 组合键，弹出"剪辑速度 / 持续时间"对话框，设置如图 7-54 所示，单击"确定"按钮。双击"项目"面板中的"15"文件，在"源"面板中打开。将时间标签放置在 00:00:01:20 的位置，按 O 键，标记出点，如图 7-55 所示。

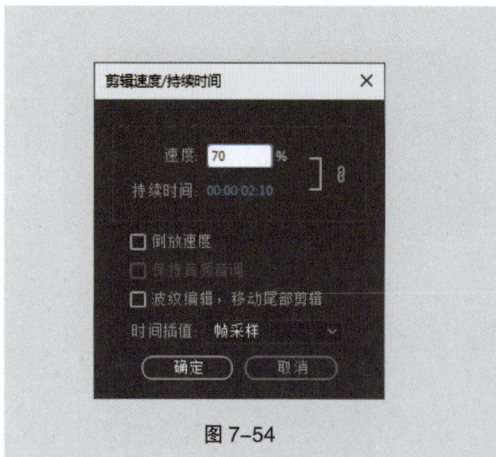
图 7-54

图 7-55

（15）将时间标签放置在 00:00:31:03 的位置，选中"源"面板中的"15"文件并将其拖曳到

"时间轴"面板中的"V2"轨道上,效果如图 7-56 所示。将"项目"面板中的"17"文件拖曳到
"时间轴"面板中的"V1"轨道上,如图 7-57 所示。

图 7-56

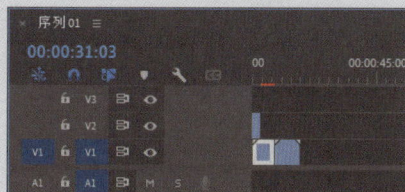
图 7-57

(16)双击"项目"面板中的"18"文件,在"源"面板中打开。将时间标签放置在 00:00:
01:13 的位置,按 O 键,标记出点,如图 7-58 所示。选中"源"面板中的"18"文件并将其拖曳到
"时间轴"面板中的"V1"轨道上,效果如图 7-59 所示。

图 7-58

图 7-59

(17)将"项目"面板中的"19"文件拖曳到"时间轴"面板中的"V1"轨道上,如图 7-60
所示。

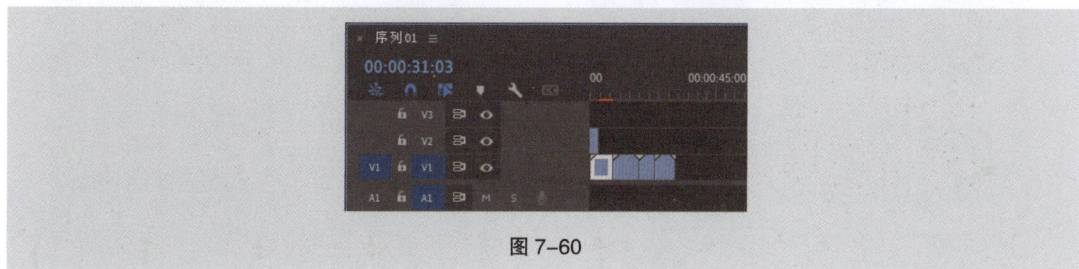
图 7-60

(18)双击"项目"面板中的"20"文件,在"源"面板中打开。将时间标签放置在 00:00:
02:03 的位置,按 O 键,标记出点,如图 7-61 所示。选中"源"面板中的"20"文件并将其拖曳到
"时间轴"面板中的"V1"轨道上,效果如图 7-62 所示。

(19)将"项目"面板中的"21"和"22"文件依次拖曳到"时间轴"面板中的"V1"轨道上,
如图 7-63 所示。

图 7-61

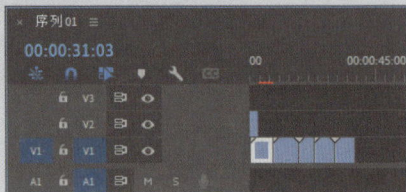

图 7-62

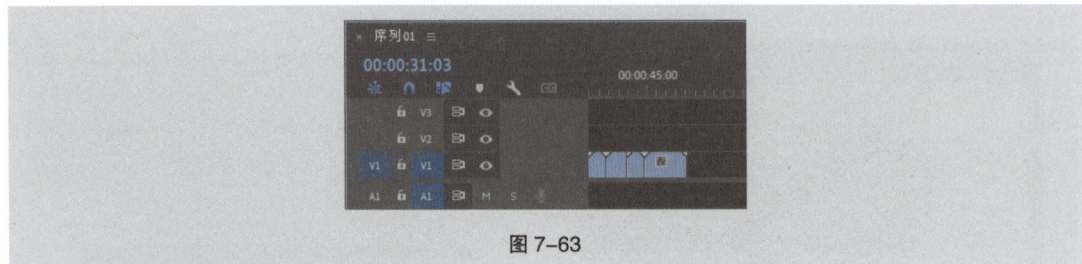

图 7-63

7.2.4　添加并调整音频素材

（1）双击"项目"面板中的"23"文件，在"源"面板中打开。将时间标签放置在00:00:02:15的位置，按I键，标记入点，如图7-64所示。将时间标签放置在00:00:51:15的位置，按O键，标记出点，如图7-65所示。

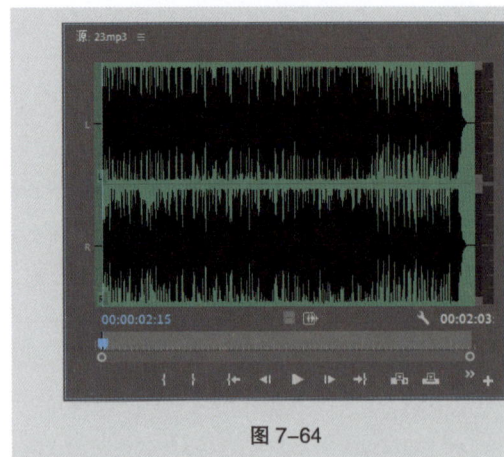

图 7-64

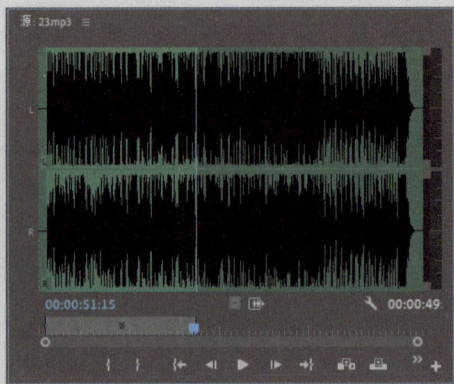

图 7-65

（2）将鼠标指针放置在"源"面板中的"仅拖动音频"按钮 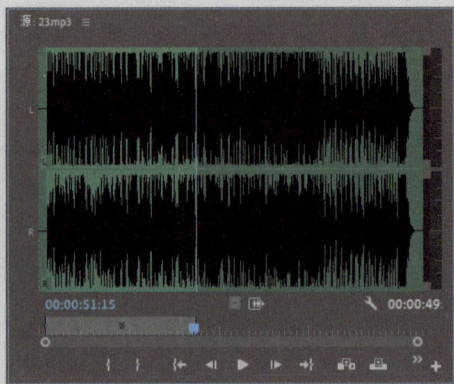 上，将其拖曳到"时间轴"面板中的"A1"轨道上，如图7-66所示。

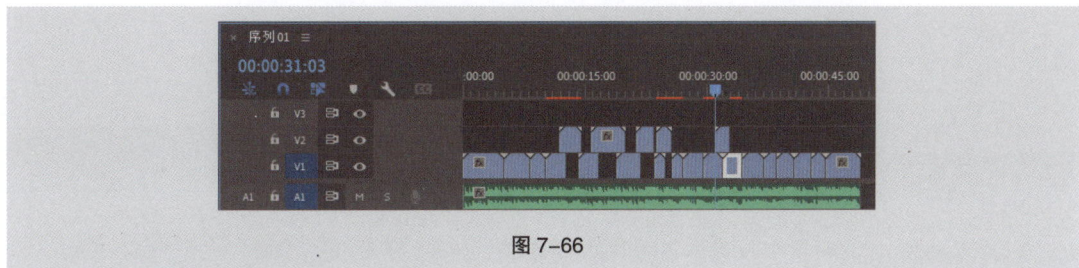

图 7-66

7.2.5　添加并调整广告信息

（1）将"项目"面板中的"24"文件拖曳到"时间轴"面板中的"V2"轨道上，如图 7-67 所示。将时间标签放置在 00:00:45:11 的位置，将"项目"面板中的"24"文件再次拖曳到"时间轴"面板中的"V2"轨道上，如图 7-68 所示。

（2）将鼠标指针放在"24"文件的结束位置，当鼠标指针呈◄状时单击并向左拖曳到与"22"文件的结束位置齐平，如图 7-69 所示。

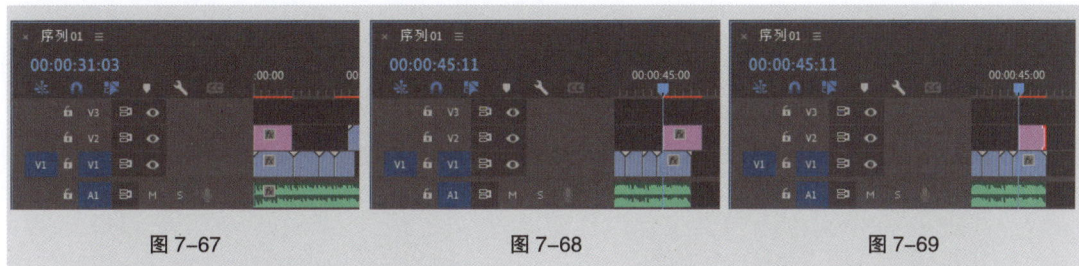

图 7-67

图 7-68

图 7-69

（3）将时间标签放置在 00:00:05:04 的位置。选择"文字"工具 **T**，在"节目"窗口中单击并输入文字，如图 7-70 所示，"时间轴"面板中的"V2"轨道上会生成图形文件，如图 7-71 所示。

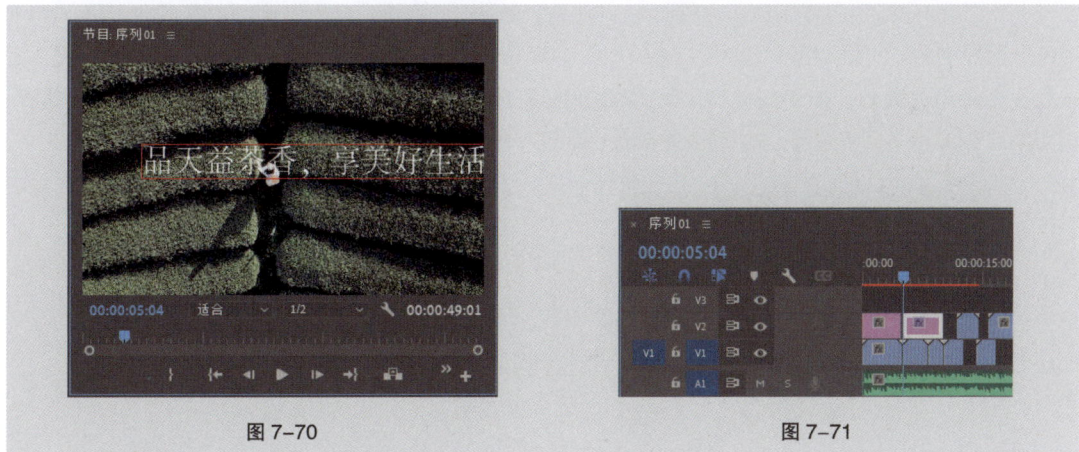

图 7-70

图 7-71

（4）将鼠标指针放在图形文件的结束位置，当鼠标指针呈◄状时单击并向左拖曳到与"02"文件的结束位置齐平，如图 7-72 所示。选择"时间轴"面板中的图形文件，在"效果控件"面板中展开"文本"选项，将"填充"颜色设置为白色，"源文本"栏中的设置如图 7-73 所示，"变换"栏中的设置如图 7-74 所示。

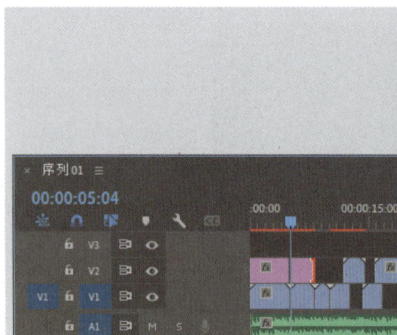
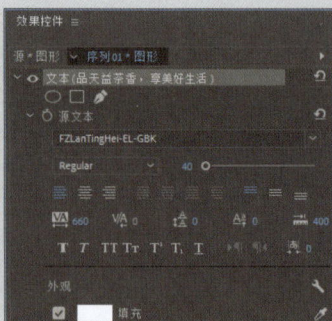

图 7-72　　　　　　　　　　　　图 7-73　　　　　　　　　　　　图 7-74

7.2.6　调整素材不透明度并制作动画

（1）将时间标签放置在00:00:11:22的位置，选择"时间轴"面板中的"05"文件。在"效果控件"面板中将"不透明度"设置为"0.0%"，单击"不透明度"左侧的"切换动画"按钮🕐，记录第1个动画关键帧，如图7-75所示。将时间标签放置在00:00:12:16的位置，将"不透明度"设置为"100.0%"，记录第2个动画关键帧，如图7-76所示。

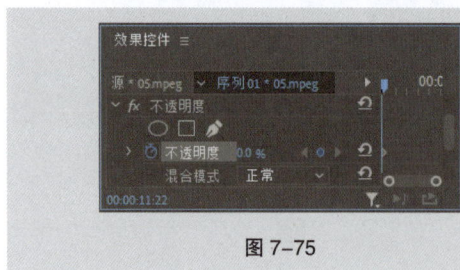
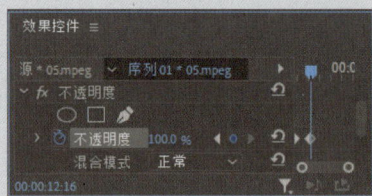

图 7-75　　　　　　　　　　　　　　　　图 7-76

（2）将时间标签放置在00:00:24:22的位置，选择"时间轴"面板中的"11"文件。在"效果控件"面板中将"不透明度"设置为"60.0%"，单击"不透明度"左侧的"切换动画"按钮🕐，记录第1个动画关键帧，如图7-77所示。将时间标签放置在00:00:24:23的位置，将"不透明度"设置为"100.0%"，记录第2个动画关键帧，如图7-78所示。

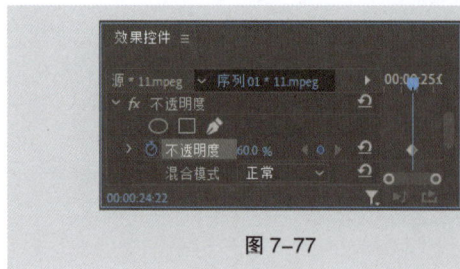

图 7-77　　　　　　　　　　　　　　　　图 7-78

（3）将时间标签放置在00:00:00:00的位置，选择"时间轴"面板中的"24"文件。在"效果控件"面板中将"不透明度"设置为"0.0%"，单击"不透明度"左侧的"切换动画"按钮🕐，记录第1个动画关键帧，如图7-79所示。将时间标签放置在00:00:00:21的位置，将"不透明度"设置为"100.0%"，记录第2个动画关键帧，如图7-80所示。

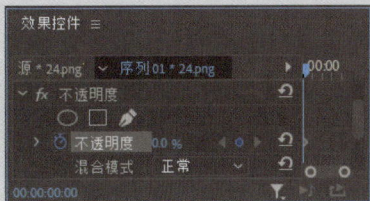

图 7-79

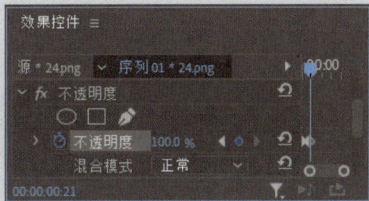

图 7-80

（4）将时间标签放置在 00:00:03:22 的位置，单击"不透明度"右侧的"添加 / 移除关键帧"按钮 ，记录第 3 个动画关键帧，如图 7-81 所示。将时间标签放置在 00:00:04:24 的位置，将"不透明度"设置为"0.0%"，记录第 4 个动画关键帧，如图 7-82 所示。

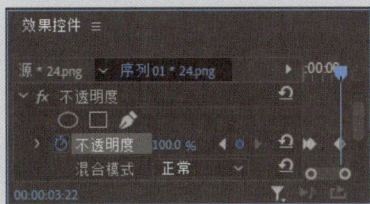

图 7-81

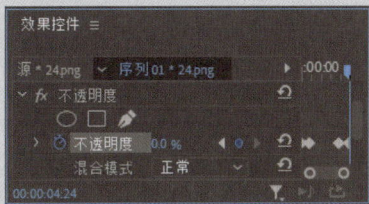

图 7-82

（5）选择右侧的所有关键帧，如图 7-83 所示，单击鼠标右键，在弹出的快捷菜单中选择"贝塞尔曲线"命令，转换关键帧，如图 7-84 所示。

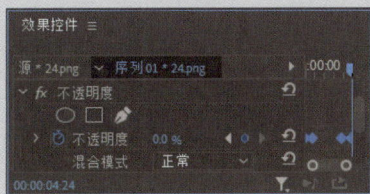

图 7-83

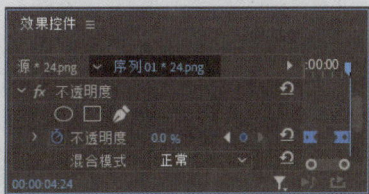

图 7-84

（6）将时间标签放置在 00:00:05:04 的位置，选择"时间轴"面板中的图形文件。在"效果控件"面板中将"不透明度"设置为"0.0%"，单击"不透明度"左侧的"切换动画"按钮 ，记录第 1 个动画关键帧，如图 7-85 所示。将时间标签放置在 00:00:05:15 的位置，将"不透明度"设置为"100.0%"，记录第 2 个动画关键帧，如图 7-86 所示。

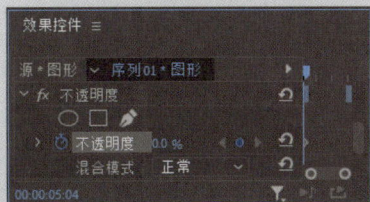

图 7-85

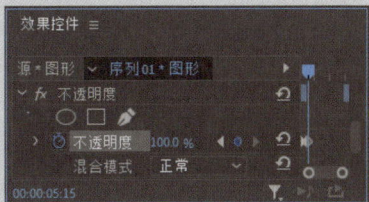

图 7-86

（7）将时间标签放置在 00:00:07:22 的位置，单击"不透明度"右侧的"添加 / 移除关键帧"

按钮 ⬦ ，记录第 3 个动画关键帧，如图 7-87 所示。将时间标签放置在 00:00:08:05 的位置，将"不透明度"设置为"0.0%"，记录第 4 个动画关键帧，如图 7-88 所示。

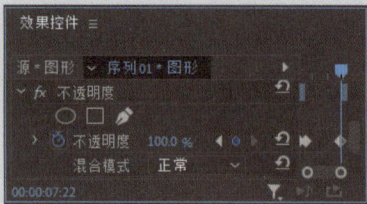

图 7-87

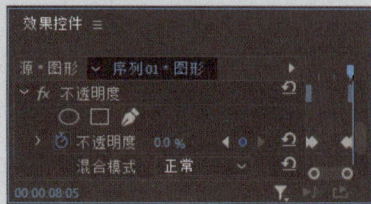

图 7-88

7.2.7　添加并调整视音频过渡效果

（1）在"效果"面板中展开"视频过渡"列表，单击"溶解"文件夹左侧的展开按钮 ▶ 将其展开，选中"交叉溶解"效果，如图 7-89 所示。将"交叉溶解"效果拖曳到"时间轴"面板中"07"文件的开始位置和结束位置，如图 7-90 所示。

图 7-89

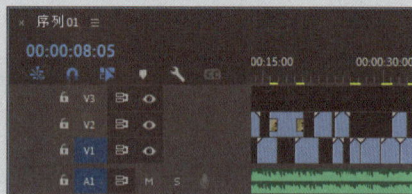

图 7-90

（2）在"效果"面板中选中"交叉溶解"效果，将"交叉溶解"效果拖曳到"时间轴"面板中"09"文件的开始位置，如图 7-91 所示。选中"时间轴"面板中的"交叉溶解"效果，在"效果控件"面板中将"持续时间"设置为"00:00:00:11"，如图 7-92 所示。

图 7-91

图 7-92

（3）在"效果"面板中选中"白场过渡"效果，如图 7-93 所示。将"白场过渡"效果拖曳到"时间轴"面板中"17"文件和"18"文件之间，如图 7-94 所示。选中"时间轴"面板中的"白场过渡"效果，在"效果控件"面板中将"持续时间"设置为"00:00:00:10"，如图 7-95 所示。

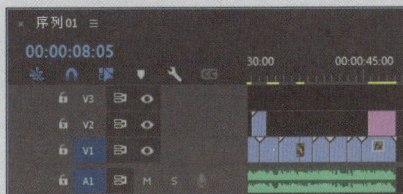

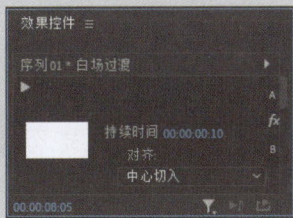

图 7-93   图 7-94   图 7-95

（4）在"效果"面板中选中"白场过渡"效果，将"白场过渡"效果拖曳到"时间轴"面板中"19"文件的开始位置，如图 7-96 所示。选中"时间轴"面板中的"白场过渡"效果，在"效果控件"面板中将"持续时间"设置为"00:00:00:10"，如图 7-97 所示。

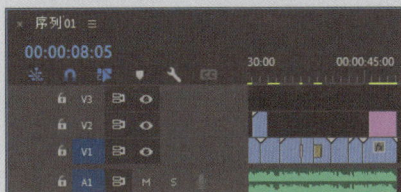

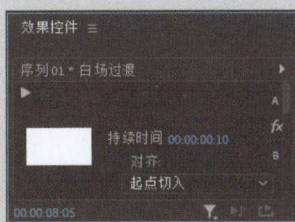

图 7-96   图 7-97

（5）在"效果"面板中选中"白场过渡"效果，将"白场过渡"效果拖曳到"时间轴"面板中"19"文件和"20"文件之间，如图 7-98 所示。选中"时间轴"面板中的"白场过渡"效果，在"效果控件"面板中将"持续时间"设置为"00:00:00:10"，如图 7-99 所示。

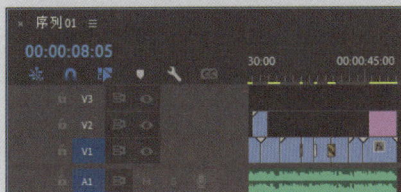

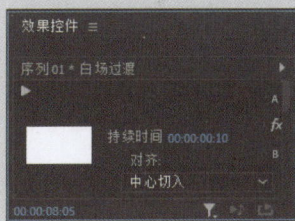

图 7-98   图 7-99

（6）在"效果"面板中选中"白场过渡"效果，将"白场过渡"效果拖曳到"时间轴"面板中"21"文件的开始位置，如图 7-100 所示。在"效果"面板中选中"交叉溶解"效果，将"交叉溶解"效果拖曳到"时间轴"面板中"22"文件和"24"文件的结束位置，如图 7-101 所示。

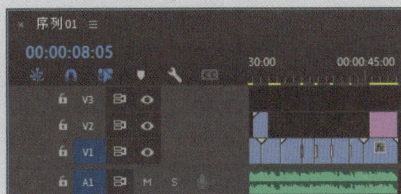

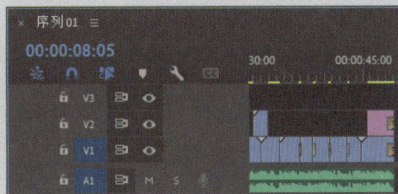

图 7-100   图 7-101

（7）在"效果"面板中展开"音频过渡"列表，单击"交叉淡化"文件夹左侧的展开按钮▶将其展开，选中"指数淡化"效果，如图7-102所示。将"指数淡化"效果拖曳到"时间轴"面板中"23"文件的结束位置，如图7-103所示。

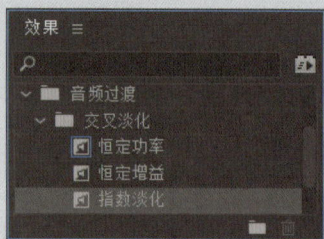

图 7-102

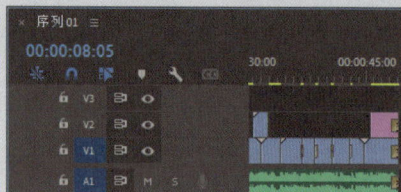

图 7-103

7.2.8 添加并调整视频效果

（1）在"效果"面板中展开"视频效果"列表，单击"调整"文件夹左侧的展开按钮▶将其展开，选择"色阶"效果，如图7-104所示。将"色阶"效果拖曳到"时间轴"面板中"V1"轨道的"02"文件上。选中"时间轴"面板中的"02"文件，在"效果控件"面板中展开"色阶"效果并进行参数设置，如图7-105所示。

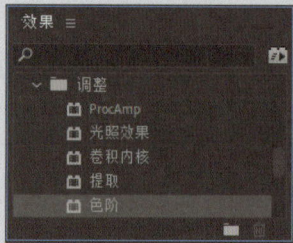

图 7-104

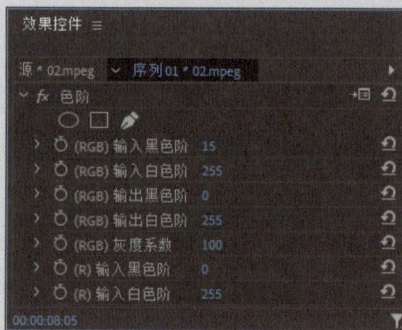

图 7-105

（2）在"效果"面板中，单击"颜色校正"文件夹左侧的展开按钮▶将其展开，选择"颜色平衡"效果，如图7-106所示。将"颜色平衡"效果拖曳到"时间轴"面板中"V1"轨道的"02"文件上。在"效果控件"面板中展开"颜色平衡"效果并进行参数设置，如图7-107所示。

（3）将"颜色平衡"效果拖曳到"时间轴"面板中"V1"轨道的"03"文件上。选中"时间轴"面板中的"03"文件，在"效果控件"面板中展开"颜色平衡"效果并进行参数设置，如图7-108所示。

（4）在"效果"面板中展开"预设"列表，单击"模糊"文件夹左侧的展开按钮▶将其展开，选择"快速模糊入点"效果，如图7-109所示。将"快速模糊入点"效果拖曳到"时间轴"面板中"V2"轨道的"24"文件上。

（5）选中"时间轴"面板中的"24"文件，将时间标签放置在00:00:45:11的位置，在"效果控件"面板中展开"快速模糊"效果，将"模糊度"设置为"800.0"，如图7-110所示。将时间标签放置在 00:00:46:00 的位置，将第 2 个关键帧拖曳到时间标签的位置，如图 7-111 所示。

图 7-106

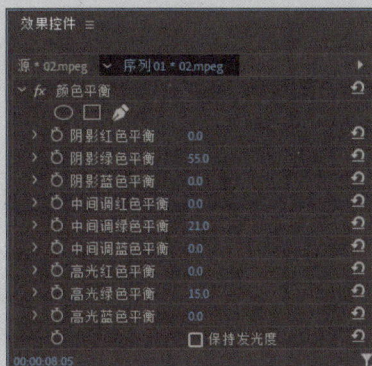

图 7-107

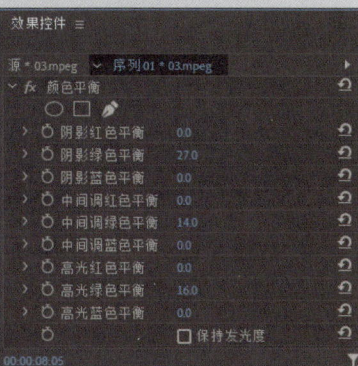

图 7-108

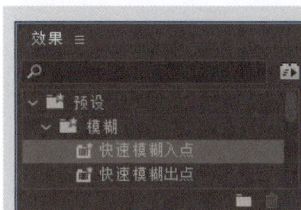

图 7-109

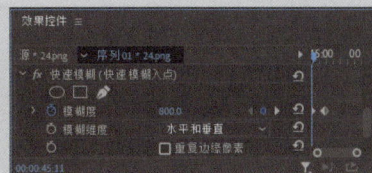

图 7-110

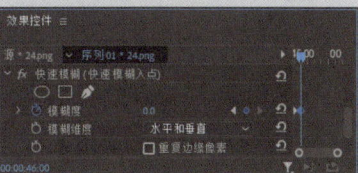

图 7-111

7.2.9　添加调整图层快速调色

（1）选择"项目"面板，选择"文件 > 新建 > 调整图层"命令，弹出"调整图层"对话框，如图 7-112 所示，单击"确定"按钮，在"项目"面板中新建"调整图层"文件，如图 7-113 所示。

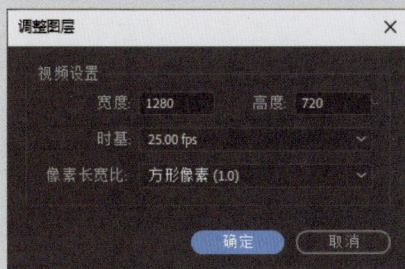

图 7-112

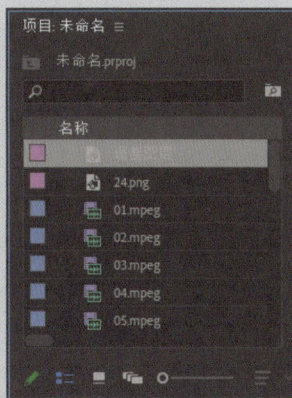

图 7-113

（2）将"项目"面板中的"调整图层"文件拖曳到"时间轴"面板中的"V3"轨道上，如图 7-114 所示。将鼠标指针放在"调整图层"文件的结束位置，当鼠标指针呈 ◄ 状时单击并向右拖曳到与"22"

文件的结束位置齐平，如图7-115所示。

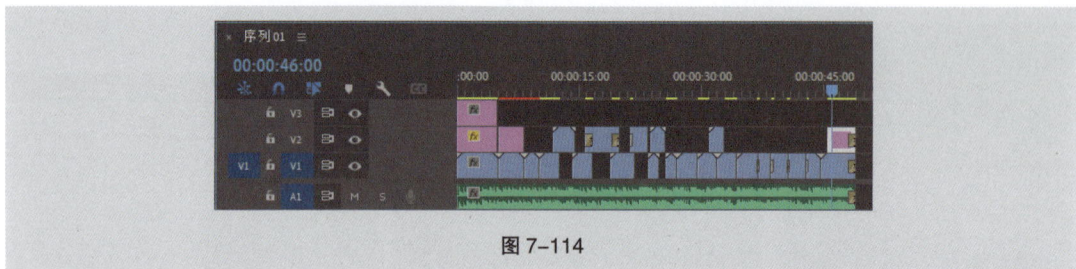

图7-114

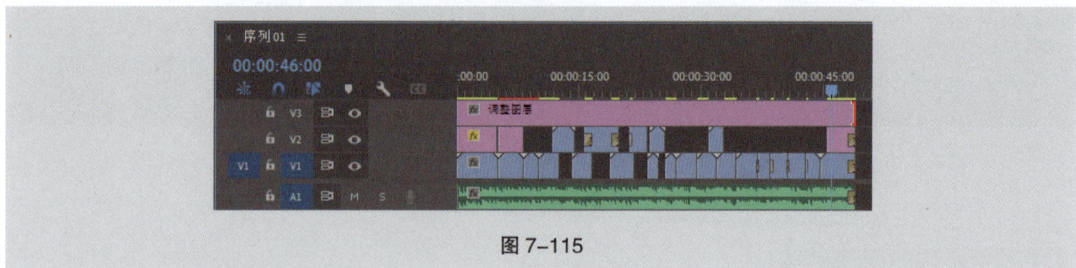

图7-115

（3）在"效果"面板中单击"颜色校正"文件夹左侧的展开按钮❯将其展开，选中"Lumetri颜色"效果，如图7-116所示。将"Lumetri颜色"效果拖曳到"时间轴"面板中的"调整图层"文件上。在"效果控件"面板中展开"Lumetri颜色"效果并进行参数设置，如图7-117所示。

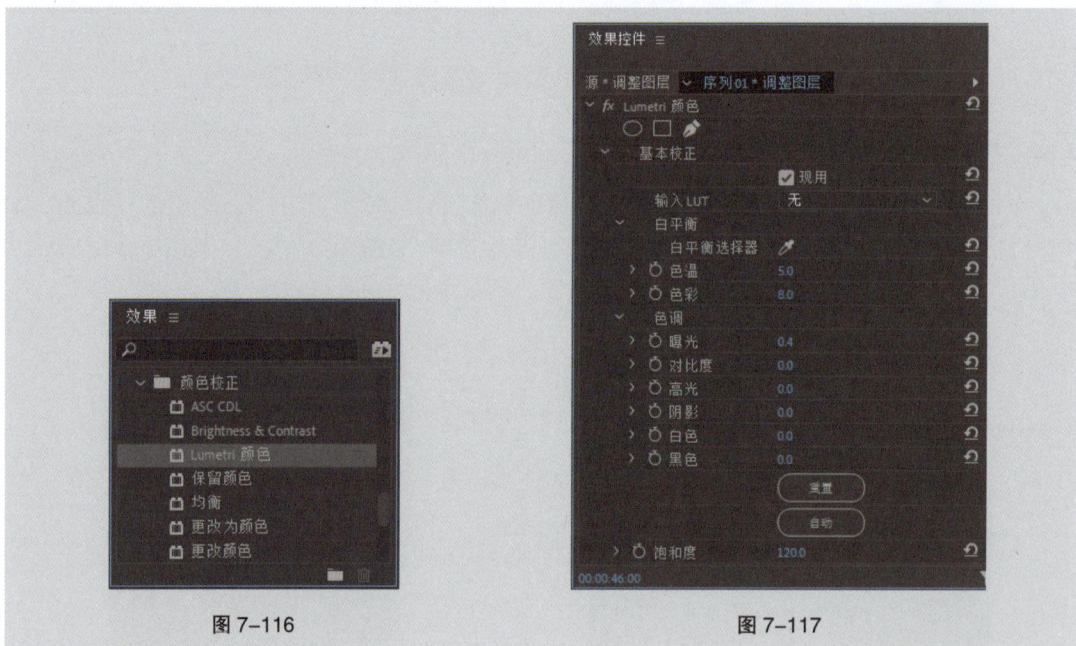

图7-116   图7-117

7.2.10　导出视频文件

选择"文件 > 导出 > 媒体"命令，弹出"导出设置"对话框，具体的设置如图7-118所示。单击"导出"按钮，导出视频文件。

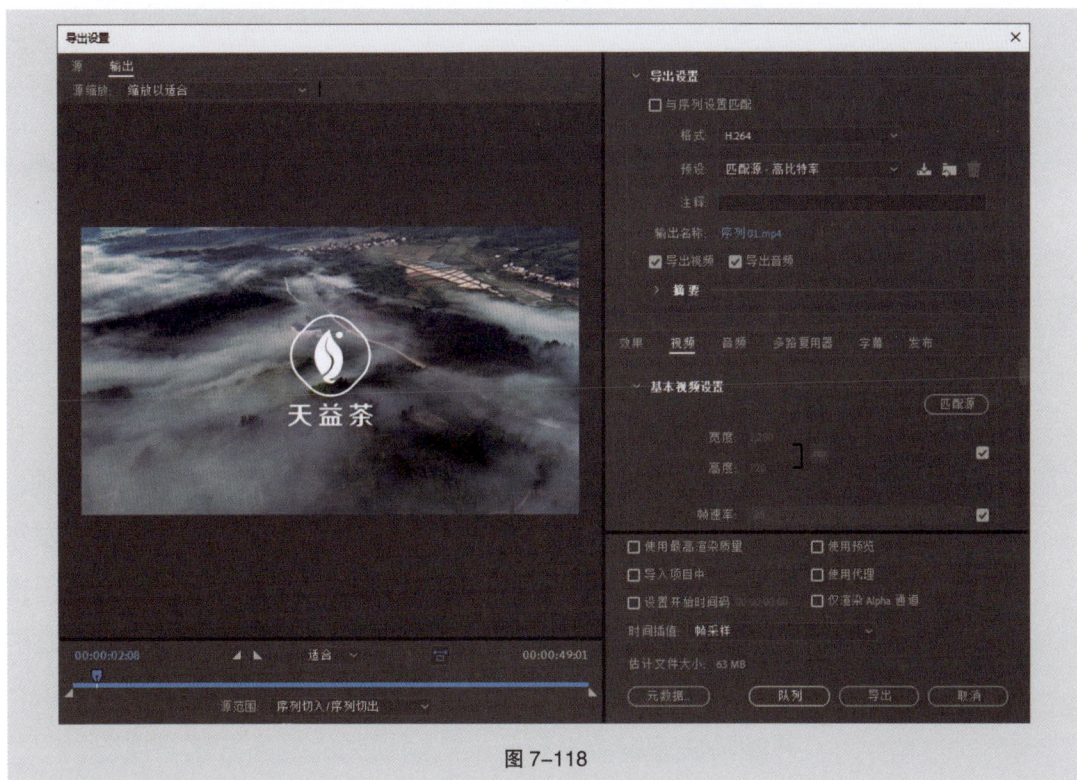

图 7-118

7.3 课后任务

1. 任务

制作一条产品广告短视频。

2. 任务要求

短视频时长：1 分钟。

拍摄要求：使用本章所提到的画面构图技巧。

制作要求：制作完整的产品广告短视频，包括字幕与片头。

第8章

08

短视频的发布与推广

▶ ## 本章介绍

　　短视频的内容固然重要，但想要让用户看到短视频，还需要进行短视频的发布与推广。本章将对选择合适的发布渠道、优化发布渠道、多种推广方式、融合不同方式进行推广以及监控推广效果等内容进行系统讲解。通过对本章的学习，读者可以对短视频的发布与推广有一个基本的认识，并能够快速掌握发布与推广短视频的相关方法与技巧。

知识目标

慕课视频

- 了解选择合适的发布渠道的方法。
- 掌握优化发布渠道的方法。
- 了解多种推广方式。
- 了解如何融合不同方式进行推广。
- 了解如何监控推广效果。

第 8 章 短视频的
发布与推广

技能目标

- 能够正确选择合适的发布渠道。
- 能推广短视频并监控推广效果。

素质目标

- 培养正确理解他人问题的能力。
- 培养积极履行职责，为团队服务的责任意识。
- 培养有效解决问题的能力。

8.1 选择合适的发布渠道

短视频的推广与发布渠道有着密切联系，因此根据短视频的特点及定位选择合适的发布渠道，对后期的推广有着重大的帮助。短视频的发布渠道可以大致分为专业级短视频平台、垂直类短视频平台、在线视频平台、资讯类平台以及在线社交平台，如图 8-1 所示。

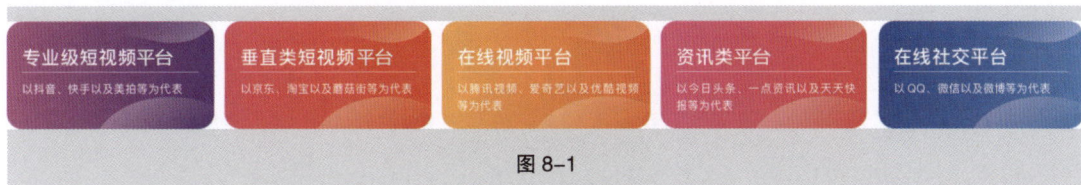

专业级短视频平台	垂直类短视频平台	在线视频平台	资讯类平台	在线社交平台
以抖音、快手以及美拍等为代表	以京东、淘宝以及蘑菇街等为代表	以腾讯视频、爱奇艺以及优酷视频等为代表	以今日头条、一点资讯以及天天快报等为代表	以QQ、微信以及微博等为代表

图 8-1

发布短视频不仅要考虑短视频的特点及定位，还要考虑发布渠道的相关属性与规则，这里建议大家重点关注发布渠道的下载量、月活跃用户数以及使用时长占比等数据。图 8-2 所示为买购网统计的 2025 年中国十大短视频品牌排行榜。

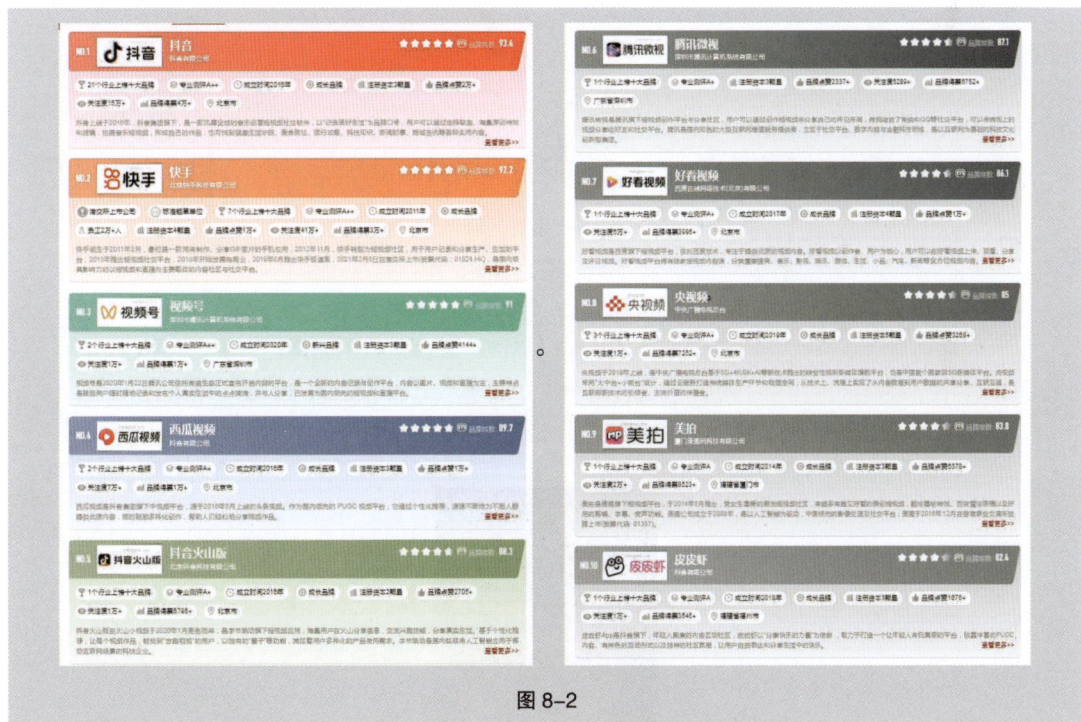

图 8-2

8.2 优化发布渠道

优化发布渠道可以更好地提高短视频播放量，包括精编短视频标题、精编标签和描述、精选短视频缩略图以及占据优质资源位 4 个方面。

8.2.1　精编短视频标题

短视频标题十分重要，好的短视频标题会更快打动用户。短视频标题要具有吸引力，并且要精准地对短视频的内容进行定位，这样才更利于吸引用户观看。有时好的标题甚至会成为热点，从而提高短视频的点击率。图 8-3 所示为小红书中的某条短视频，此短视频根据标题被系统归类为美食类短视频。

图 8-3

8.2.2　精编标签和描述

短视频的标签需要易于搜索，且要具有自身特色，这样才能方便用户记忆，甚至使用户产生联想记忆。而描述需要契合短视频风格，并且要简短易读，能够快速引起用户共鸣。在图 8-4 中，该创作者在发布短视频时使用了"哪吒之魔童降世"等标签，并且在描述中结合了祝福，这有利于引起用户互动。

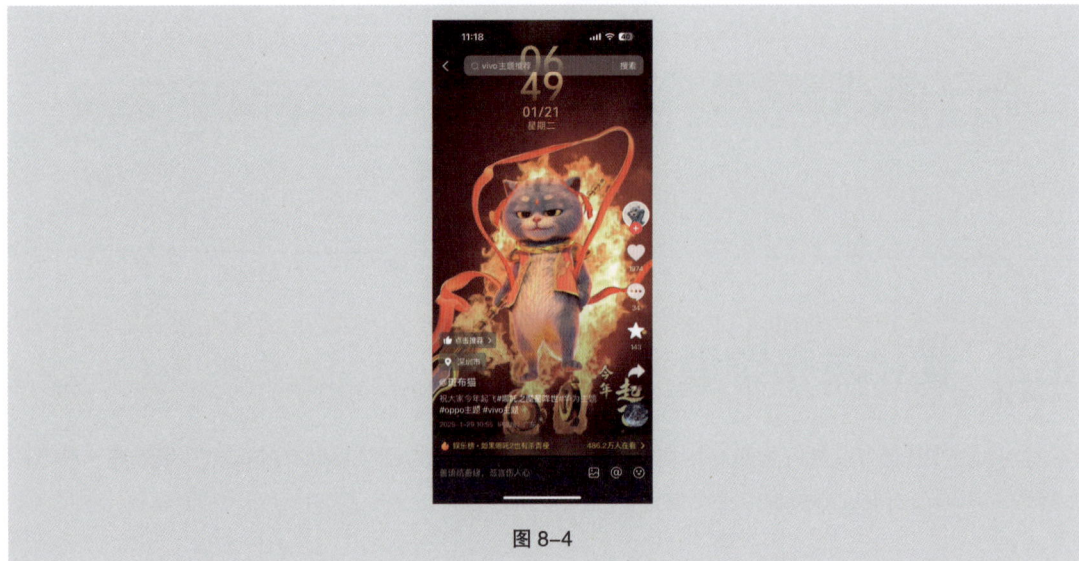

图 8-4

8.2.3 精选短视频缩略图

短视频缩略图即短视频封面。短视频缩略图会影响用户对短视频的第一印象，也是吸引更多用户观看短视频的重要因素，所以缩略图的选择和设计至关重要。通常可挑选短视频中的高清画面截图作为缩略图。图 8-5 所示为西瓜视频中某条短视频的缩略图。

图 8-5

8.2.4 占据优质资源位

想要吸引更多用户观看短视频，就一定要占据优质资源位。想要占据优质资源位就要先熟悉平台规则，还要使用一些额外的技巧，如和热门短视频团队错开时间发布短视频，这样可以争取到更多占据优质资源位的机会。图 8-6 所示为小红书中占据美食类优质资源位的短视频。

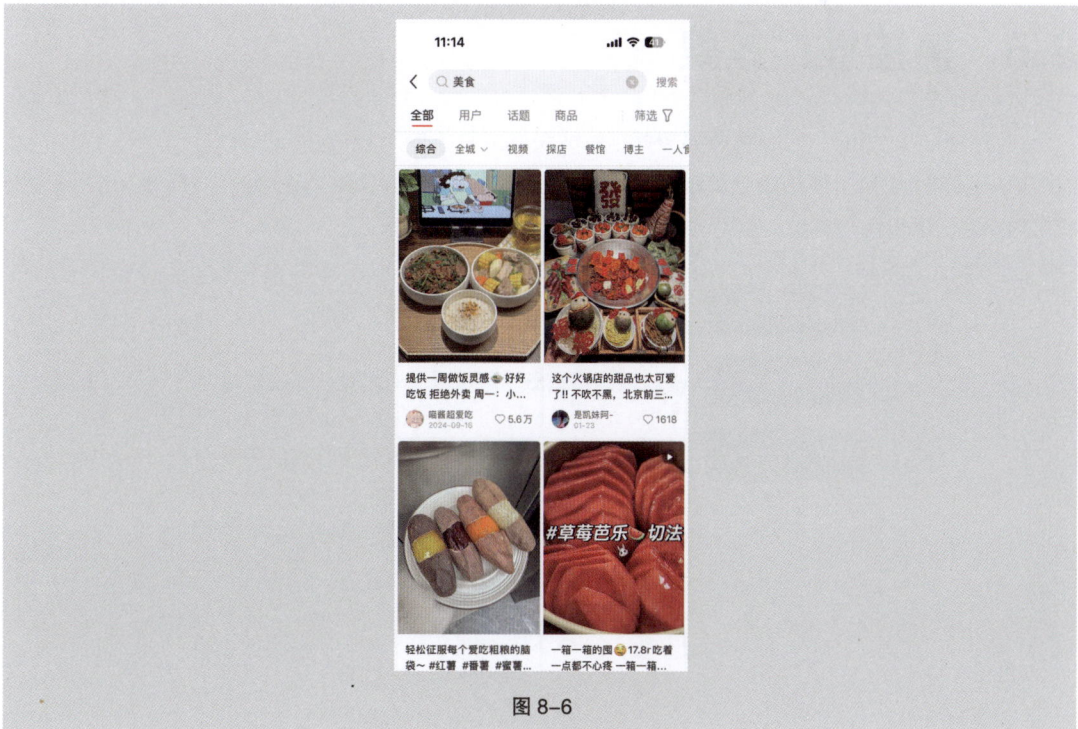

图 8-6

8.3 多种推广方式

短视频可以通过多种方式进行推广，其中重要的推广方式有多种渠道转发、撰写软文传播、竞价付费推广、蹭取热度推广、相关活动推广以及互相合作导流，如图 8–7 所示。

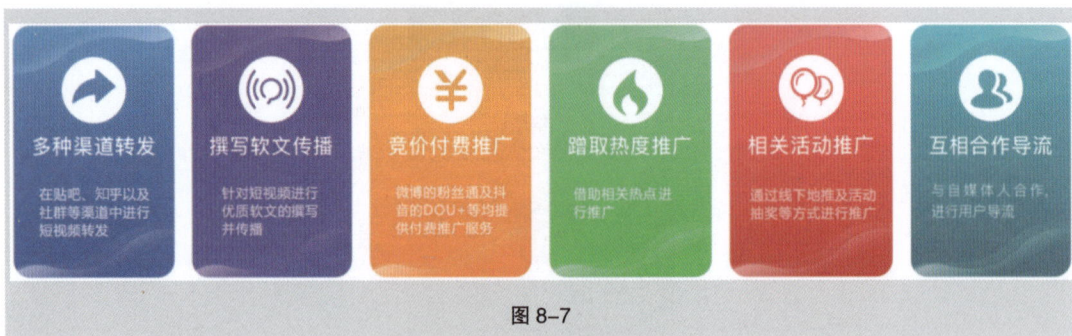

图 8–7

8.4 融合不同方式进行推广

我们可以融合不同方式推广短视频，以增加与用户的互动，使用户对短视频产生深刻印象。常见的融合方式有“短视频 + 直播”“短视频 + 自媒体”“短视频 + 电商”“短视频 +AR”“短视频 +VR”等。

8.5 监控推广效果

在监控推广效果时，可以将重要数据制作成表格或直接使用数据分析工具进行分析。建议持续监控短视频的播放量、评论量以及转发量等关键数据，以便及时调整短视频的内容、发布时间以及发布频率等，逐步提升流量。常见的需要监控的数据如图 8–8 所示。

固有数据	发布时间、短视频时长、发布渠道等
基础数据	播放量、评论量、点赞量、转发量、收藏量等
关键数据	评论率、点赞率、转发率、收藏率、完播率等

图 8–8